U0381314

孩子最需要的彩绘科普书

让您在探究世界的同时 享受美妙的视觉旅程

上海科学普及出版社

图书在版编目（CIP）数据

我的第一本动物知识小百科 / 李辉编著. — 上海: 上海科学普及出版社，2015.1（2021.11 重印）

（趣味知识小百科）

ISBN 978-7-5427-6232-0

Ⅰ. ①我… Ⅱ. ①李… Ⅲ. ①动物—青少年读物 Ⅳ. ① Q95-49

中国版本图书馆 CIP 数据核字（2014）第 217383 号

责任编辑：李 蕾

趣味知识小百科

我的第一本动物知识小百科

李 辉 编著

上海科学普及出版社发行

（上海中山北路 832 号 邮编 200070）

http://www.pspsh.com

各地新华书店经销 天津融正印刷有限公司印刷

开本：710mm × 1000mm 1/16 印张：11.25 字数：120 000

2015 年 1 月第 1 版 2021 年 11 月第 2 次印刷

ISBN 978-7-5427-6232-0 定价：39.80 元

本书如有缺页、错装或坏损等严重质量问题

请向出版社联系调换

随着社会的发展，科技的进步，掌握科普知识也显得越来越重要。那么，什么是科普呢？简而言之，科普就是科学知识的普及。以前说起科普，主要是指生硬的讲解和直接地灌输科学结论，使受众感到特别枯燥、乏味。而如今，科普的观念已经有了很大的变化，是“公众理解科学”、“科学传播”的思想，强调科普的文化性、趣味性、探奇性、审美性、体验性和可视性等特点。它还要求科学家以公开的、平等的方式与受众进行双向对话，总之，是让科学达到民主化、大众化的效果。

其实，在科学的研究之初，人们因为好奇，所以去探究自然界，探究我是谁，从哪里来，到哪里去。也就是说，科学是从不断的发问开始的，是一种寻根的活动，是一种求真的精神追求。而现今大多数人只是为了追求知识量，一味地去死记一些科学结论，从来不去想想这些结论最初是怎么得来的，也很少能体验到逻辑美感的精神愉悦。

科学原本是带给人们探究并认知世界的最美享受，是能够满足人

们好奇心、认知欲的一门学问。说到科学，难免会让人们想到一些伟人的科学精神，如当年布鲁诺因坚信日心说而坦然走向宗教裁判所用的火刑，那种为求真一往无前的精神，实在令人敬佩。科学精神是人类的一大宝贵财富，是人类一切创造发明的源泉。有了科学精神，凡事都会讲求真，而决不随波逐流。

我们知道，科普读物曾长期被人们误会和曲解，其专业化和细节化使得很多人过多关注于某一个极其细微之处，从而使它变得索然无味，仿若嚼蜡。本套丛书出版的目的就是要打破这一现象，把枯燥的科普读物变得更加有趣。我们期冀借助精美的图片、流畅的文字，让读者从字里行间体会到科学的情感所在。

这套丛书很好地为读者展现出诸如生命机体、天空海洋、草原大陆、花鸟虫鱼等最纯真、最真实的世界，我们以最虔诚的态度尊重自然、还原历史。纯洁、自然、不事雕琢，这是我们渴望得到读者认可的终极理想。

感谢在本套丛书的出版过程中给予帮助的所有朋友，感谢各位编辑、各位同仁的鼎力支持，也欢迎读者提出宝贵建议，您的建议是我们进步的阶梯，也是我们最宝贵的财富。

编者

目录

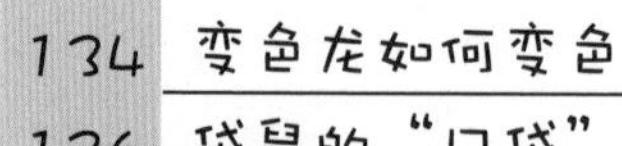

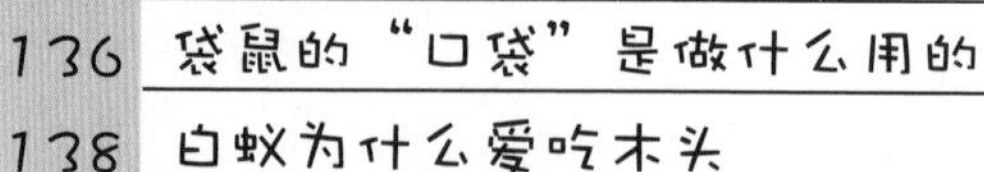

人类自称是世界上的高等动物，这么说来，人也属于动物的一种。那么什么是动物呢？每一种动物又有着怎样的习性和特点呢？如果感兴趣的话，就一起来看看吧！

在我们的身边有着许许多多的动物，它们各自都有着神秘之处，如蛇如何吞下比自己大的食物？蝙蝠为什么要倒挂着睡觉？南极企鹅为什么不怕冷？蜈蚣真的有100只脚吗？狗鼻子怎么总是湿湿的？鸭子为何不孵蛋？

想知道答案的小朋友，请跟着我们一起进入神秘的动物世界吧！

精彩故事开始啦！>>>

什么是动物

在我们这个美丽的星球上，动物是自然界中一个非常庞大的族群。它们一般不能将无机物（指有机物外的东西）合成有机物（大部分含碳的东西都叫做有机物），只能以植物、微生物或其他动物为食，因此具有与植物不同的形态结构和生理功能，以进行摄食、消化、吸收、呼吸、循环、排泄、感觉、运动和繁殖等生命活动。简单来说，动物就是以有机物为食料、有神经、能感觉、会移动的一种生物。从生物学的角度讲，动物与植物的区别是动物体的细胞没有细胞壁。此外，我们还应知道，动物机体有着四种基本组织构成：上皮组织在（是人体最大的组织，皮肤的表皮，口

腔、咽食管等都是上皮组织。)、结缔组织(是身体里的填充物质,血液、淋巴、软骨等都是结缔组织。)、肌肉组织和神经组织。

提到动物,就不由得会问一下它的起源,我们知道生命起源于海洋,动物也是从海洋生物逐渐演变而来的,动物的发展史是一个从低级到高级、从简单到复杂的过程。据说,世界上最早的动物是在4.5亿年前到5亿年前出现的。

原始的动物为无脊椎动物中的原生动物和腔肠动物。

动物与植物有什么不同

在我们生活的地方，有动物也有植物。路边的大树就是植物，邻居家姐姐养的小猫小狗就是动物；公园里的花花草草就是植物，动物园里的狮子老虎就是动物。这些我们能接触到的植物和动物，想必大家已经很熟悉了，但是你知道动物和植物到底有什么不同吗？

植物与动物的区别有一条十分严格的标准。在显微镜下观察它们的细胞，我们会发现，植物的细胞都有一层又厚又硬的细胞壁，而动物细胞只有细胞膜，却没有细胞壁。

大多数植物，在自然状态下从生到死，几乎都固定在同一个地方。在这个地方，它们发芽生长，开花结果。当然这中间也有少数例外，如随水漂流的小型水生植物。与植物相反，绝大多数动物为了觅食、避敌或其他原因，经常跑来跑去，处于运动状态。

动物和植物的生活习性有很大不同，植物有个非常重要的特点，那就是除了少数寄生和腐生植物外，植物都能进行光合作用，即它们可以制造“粮食”养活自己。但是动物却无法做到这一点，它们只能依靠食用植物和捕食其他动物来养活自己。

科学家将人类已经发现的生物分为了两大类：无脊椎动物和脊椎动物。动物学家又根据动物的形态、生理、地理分布等将动物依次划分为7个等级，从上到下为：界、门、纲、目、科、属、种。

动物是如何分类的

自然界动物的种类很多，据目前估计，约有150万种左右。根据动物的形态、身体内部构造、胚胎发育的特点、生理习性、生活的地理环境等特征，将特征相同或相似的动物归为同一类，分为脊椎动物和无脊椎动物两大类。

不同的动物有不同的形态，同一类群的动物，在形态上往往有许多相似之处。动物学家就根据动物之间的相同点和不同点，按照从小到大的顺序，将其分成许多类群。“种”或叫“物种”是最小的类群，也是动物分类的基本单元。将近似的“种”集合成“属”，再将近似的“属”集合成“科”，由“科”集合成“目”，

由“目”再集合成“纲”，由“纲”最后集合成“门”。“门”是分类的最大单元。

目前动物界一共分为30多门，其中主要的有下列几门：原生动物门、多孔动物门、腔肠动物门、扁形动物门、线虫动物门、环节动物门、软体动物门、节肢动物门、棘皮动物门、脊索动物门。

例如，我们介绍企鹅的时候会说，企鹅是一种不会飞行的鸟类，属于脊椎动物门、鸟纲、企鹅目、企鹅科。

眼镜蛇会跟着音乐跳舞吗

眼镜蛇是一种毒性很强的蛇，一旦被它咬到，就特别危险。但是，总有一些人似乎一点都不害怕眼镜蛇，他们随身带着眼镜蛇，还会吹笛子跟眼镜蛇一起表演节目，看起来真是既刺激又好玩。

在人们的印象中，舞蛇的人将眼镜蛇装在竹笼里，然后带到市集上。当他打开竹笼，吹起笛子的时候，竹笼里的眼镜蛇就会开始摆动并竖直身体，还不时吐出舌头，好像跟着节奏起舞似的。

事实上，眼镜蛇根本就没有听懂舞蛇人的音乐，它会在音乐响起的时候摆动身体，是因为它受到尖锐的笛声的刺激。这个时候，眼镜蛇便会竖起身躯，膨胀脖颈，怒气冲冲地准备攻击吹笛的人。吹笛的人左右摇摆，眼镜蛇自然也跟着左右摇晃，以便随时对准目标进行攻击。

舞蛇的人其实也知道眼镜蛇根本听不懂音乐，所以当他抓到眼镜蛇时，会先把它的毒牙给拔掉，然后再利用眼镜蛇受到尖锐的声音刺激时会发动攻击的生理特性，顺势带到市集里表演给不知情的人看，以此来吸引人的目光，赚取钱财。

事实上，直至目前为止，尚未发现真正懂得音乐的蛇类，当然就更不用说要它们随着音乐摇摆舞动了。

蛇如何吞下比自己大的食物

俗语说：“人心不足，蛇吞象。”意思就是说，做人不能贪心不足，就像蛇一样，妄图一口吞下一头大象。虽然蛇的确无法吞下一头大象，但是蛇想要吞下比自己头部大上好几倍的动物，并不是不可能的。

蛇看起来并不粗大，它是怎么吞下比自己还要大几倍的动物的呢？

即便我们尽最大能力张开嘴巴，也没办法一次吞下比我们的嘴巴还大的食物，因为人类口腔的上、下颚之间有骨关节连接着，所以在我们张开嘴时，会被关节牵制住。在蛇的嘴里，虽然也有骨头连接着上、下颚，但是却还有一条像橡皮筋一样伸缩自如的韧带，能让蛇的嘴张得更大。

蛇在捕食动物前，会将猎物紧紧缠住，直到猎物窒息而死，或是用毒牙里的毒液麻醉猎物至昏死状态，然后卷绕住猎物，将它挤压成长条状，再利用自己钩状的牙齿，慢慢地将猎物吞进肚子里。与此同时，蛇还会分泌大量具有润滑作用的唾液，以使其能够顺利地吞咽下比自己还要大的食物。

另外，当巨大的猎物被蛇吞进体内时，它的肋骨可以自由地张开，这样一来，食物就能够“长驱直入”进肚子里了。

目前世界上约有700多种毒蛇，其中最毒的要数贝尔彻海蛇，它生活在澳大利亚西北部群岛的一处暗礁周围。陆地上最毒的蛇，要数同样生活在澳大利亚西部的内陆太攀蛇，其毒性是眼镜蛇王的200倍；而贝尔彻海蛇的毒液则比太攀蛇的毒液毒100倍。

蝙蝠是哺乳类还是鸟类

蝙蝠有翅膀、会飞翔，似乎算得上是鸟类；但是它们没羽毛、不生蛋，似乎又有点像哺乳类。那么，蝙蝠究竟算是鸟类，还是哺乳类呢？想要弄清楚这一点，我们要先了解鸟类和哺乳类的主要区别是什么。

鸟类的嘴都是角质的，口腔内也没有牙齿，这是为了减轻身体的重量，以利于飞行。另外，在鸟类的消化系统中有嗉囊和砂囊，嗉囊可以储存谷物，砂囊能够磨碎食物，以弥补没有牙齿的缺憾。反观蝙蝠，它的口腔内有细小的牙齿，也没有嗉囊跟砂囊，所以它跟鸟类是完全不同的。

事实上，蝙蝠算是一种小型的哺乳类，它虽然不像大型哺乳类用四肢在陆地上行走，但它确实有四肢，只是前肢已经退化，而在前、后肢间生有一层薄翼，也就是我们印象中蝙蝠的翅膀，不过它的翅膀却和鸟类的翅膀有着完全不一样的构造。

蝙蝠的身上跟其他的哺乳类一样长有软毛，而蝙蝠是胎生的，因此连刚出生的小蝙蝠，也会背伏在母亲身上摄食母乳，这跟卵生的鸟类更是截然不同的。

因此，蝙蝠不仅是货真价实的哺乳类，而且是唯一一类演化出真正的飞翔能力的哺乳动物。

蝙蝠为什么要倒挂着睡觉

蝙蝠喜欢白天睡觉，夜出觅食，这种习性便于它们袭击入睡的猎物，还能够使自己避免阳光和高温的伤害。如果我们在山洞、地洞、树干、岩石或者建筑物内寻觅，极有可能发现蝙蝠的身影，它们总是躲藏在阴暗潮湿的环境中，几十只甚至成千上万只群体栖息，这也许就是蝙蝠总是给人阴森恐怖感觉的原因吧。

悄悄探访一下蝙蝠洞，一进洞内，从湿凉的空气中，你马上就会闻到一股难闻的气味。然后，你会感觉脚下所踩的土地特别松软，原来这些都是蝙蝠的排泄物。不过，别看蝙蝠又丑又可怕，它的粪便却可以用来做肥料，对人类其实是很有帮助的。

每当蝙蝠要休息或睡觉时，它会以头朝下的方式，用后肢的尖爪钩住细缝，把自己的整个身体倒挂起来。它的这一习惯似乎与其他动物很不相同，众所周知，大多数的兽类都是俯卧着休息的。那么，为什么蝙蝠会倒挂着睡觉呢？原来，这样的习性主要是由它的身体构造、活动方式等决定的。

蝙蝠的前肢退化，后肢短小且与翼膜相连。所以当它停留在地面时，既不能站立，也不能行走，甚至不能展翼飞行，只能慢慢爬行，非常不方便。因此，它习惯寻找高处的石缝或树枝将自己倒挂起来，一旦有危险状况发生，就可立即展翼飞行，行动非常灵活。

也许，这正如丹顶鹤可以单脚站立、兔子总爱竖起耳朵一样，它们都是要躲避天敌的追捕。可见，动物们的警觉性和防范意识还是挺高的。

为什么壁虎可以贴在墙上爬行

壁虎总是昼伏夜出，通常出没于老树的树干上或年代久远的房子里，属于夜行性的动物，所以大多数情况下，我们看到壁虎的时间都是在晚上。而且，壁虎吸附在墙壁上或者玻璃上也不会掉下来，你知道为什么吗？

晚上跑出来觅食的壁虎，在墙壁上爬来爬去，很是敏捷。一旦发现昆虫的踪影，不管它们是静止不动，还是刚好经过，都会迅速地张口吃掉它们。一个晚上，壁虎能吃掉许多昆虫，收获挺丰富的呢。

壁虎爬墙的本领这般高超，是因为它有锐利的爪子帮助它攀爬吗？答案并非如此，而且壁虎也不像树蛙、雨蛙是利用指、趾尖的吸盘及其分泌物来帮助爬行的，而是另有一套本领。

在壁虎前后肢的每一个指或趾上，都有许多褶皱般的膜瓣，并且形成了一条条的深沟。壁虎靠这些膜瓣来增加指或趾与物体间的摩擦力，从而有利于它在墙壁上爬行。同时，这些膜瓣还有吸附的能力，能支撑住身体，所以壁虎能在陡峭的墙壁及天花板上，甚至是光滑的玻璃上来去自如。

斑马身上的花纹只是装饰品吗

斑马是一种哺乳动物，它的身上有黑白相间的美丽条纹，是非洲特有的动物。它们以青草和嫩叶为食，通常都是群体行动，在这个群体中，会有一个领袖，它带领大家寻找食物，躲避危险，共同生存下去。

斑马善于奔跑，它的视觉、听觉和嗅觉都非常灵敏。斑马是群体生活的，为了防备其他动物的袭击，它们会轮流放哨，一旦有可疑状况发生，放哨的斑马会立刻发出警告，一大群斑马就可以在危险来临之前迅速逃跑。

生活在大自然中的动物，一切都以生存为目的。斑马的身上有黑白相间的条纹，在我们人类看来，这些条纹很美丽，而事

实上，这些条纹对斑马来说，是自我保护的重要色彩。

斑马的条纹可当作环境的保护色，因为在日光的照射下，黑白两色吸收或反射光线的程度不同，就能破坏和分散斑马身形的轮廓。这样，凶猛的野兽就不容易看清楚环境和斑马的不同，只要斑马不移动，就不会暴露出它的位置。

另外，斑马身上的条纹，可能跟它的内部骨骼也有关联：直的纹路像是脊椎骨，而腹部旁的条纹则类似肋骨。这些纹路可以当作不同种群之间的区分标记，也可用来吸引异性，达到繁衍后代的目的。

南极企鹅为什么不怕冷

南极可以说是全球最冷的地方了，这里的最低气温曾经达到-88.3℃，即使是生活在北极的北极熊和海象，也不知道是否能像企鹅一样耐得住南极的酷寒天气。

其实，早在南极还没被全面冰封之前，企鹅可能就已经在此定居了。

它们是古老的游禽类，主要以海里的甲壳类和软体动物作为食物，所以生活在海洋面积大于陆地面积的南极洲上，真是再适合不过的了。

在这酷寒的极地里，除了一些低等的植物能够存活外，一般常见的种子植物（如松树），你根本无法看到。那么为什么企鹅就可以在这里生存呢，它们难道一点都不怕冷吗？

其实，企鹅是前后历经了数千万年冰雪风暴的洗礼才具备这种耐寒本领的。它们的羽毛逐渐变成重叠、密集的鳞片状，不仅可以阻止海水浸透，还可以有效地阻挡寒风的侵袭。除此之外，企鹅的皮下脂肪层也格外肥厚，在一定程度上也起到了很好的保温作用。

当然，南极看似酷寒，企鹅几乎独自在此生活，说起来羡煞旁人，事实上企鹅的生活也并非如我们想象的那样毫无凶险。贼鸥是能给企鹅带来伤害的天敌之一，它们喜欢在企鹅聚居地的上空盘旋，随时找机会抢走企鹅的蛋或杀死小企鹅。因此，贼鸥的存在既给企鹅种群的发展带来了障碍，同时又促进了企鹅种群的进化。对企鹅来说，算是功过参半吧。

河马真的是“潜水艇”吗

河马真的跟“潜水艇”一样厉害，能长时间待在水里吗？其实不是这样的。如果我们去动物园细心观察，就不难发现河马虽然喜欢泡在水里，潜水也是它的本领之一，但它真正潜入水中的时间，每次只有五分钟左右。

河马习惯在白天边泡水边打瞌睡，很容易给我们留下这样的印象：它是潜泳专家。而事实上，河马是典型的“夜猫子”，它真正活跃的时间是在晚上，无论寻找食物，还是四处游逛，河马都是在晚上进行的。

即使河马长在时间潜泳的时候，它也要把大鼻孔露出水面，不断地用力进行深呼吸。有时候它在水面呼气时，会夹带大量的水气喷出，不知道内情的人还以为河马也会喷水玩耍哩。

喜欢待在水里的河马，在生理构造上也有其特别之处。比如，在它的鼻孔、眼睛以及耳朵上，就生出一种专门防水的“盖子”，每当它潜泳时，这个奇妙的防水盖就会适时地盖住鼻、眼、耳，防止水流进去，这也是一种绝妙的自我保护手段啦。

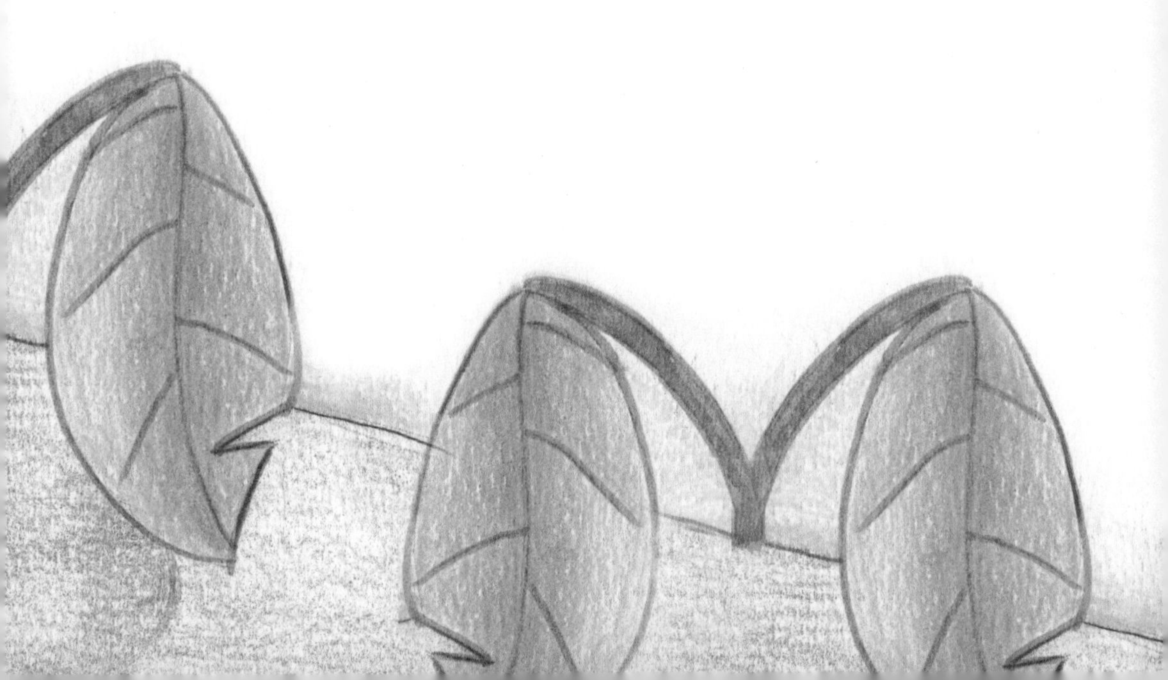

河马的汗为什么是红色的

河马喜欢在河流附近的沼泽地和有芦苇的地方栖息，它们白天在河里享受日光浴，到了晚上才悠哉悠哉地到陆地上吃草。

河马很怕热，很容易流汗，通常是上岸不久汗就已经流了一身了。有些人可能会说那不是汗，只是它刚刚从水里出来，身上留下来的水还没完全干罢了。做出如此推论的人一定不了解河马，因为河马流的汗是红色的，俗称为“血汗”。

那么，为什么河马的汗水是红色的呢？其实，河马的汗水本身也是无色透明的，与其他动物不同的是：河马的汗水含有特别的色素，一接触到空气会起化学反应。所以，千万不要被河马的“血汗”给吓到了，这实际上不是血，只是产生化学反应之后的汗水而已。至于河马为什么这么容易出汗，主要是因为它们的皮肤很敏感，必须经常保持潮湿状态，否则便会浑身不舒服。当然，河马整天懒洋洋地泡在水里也不是因为爱偷懒，同样是为了保护自己。

海马是怎样生养繁衍的

海马的尾部很长，由很多节组成，还能灵活地屈伸，用尾巴弹跳。它的背鳍长得像一面扇子，必须经常摇晃来保持平衡，动作非常优美、活泼。

海马算是海底世界里长相最特殊的鱼类了，它的体型不大，头形像马，所以大家就叫它“海马”。海马不仅长相奇特，它们生养下一代的方式也很奇特。

当海马的繁殖季节来临时，雄性海马腹部会逐渐形成一个宽大的

“育儿袋”，雌性海马则会把卵产在这个“育儿袋”里。在此后相当长的一段时间里，数百粒卵会在这个“育儿袋”中进行生长发育。

有了卵的“育儿袋”会形成浓密的血管网层，和胚胎血管网密切接连，雄海马以此供应胚胎发育所需的营养，等小海马发育完成，雄海马就开始分娩了。

为什么都是海马爸爸生养小海马呢？因为海马在浅海地区生长，一到繁殖季节，就会有各种海生动物来这里交配、繁衍后代，海马家族为了不让自己的后代变成其他鱼类的食物，就将卵产在雄海马的育儿袋里孵育，以增加小海马存活的机会。这种生养方式是不是真的很特别呢？

豪猪身上的刺是做什么用的

豪猪大多生活在中国的长江流域及西南地区，它们的头部长得像老鼠，身体肥壮，体重可达十几千克。大多数豪猪是棕褐色的，其最大特点是从背部到尾巴都长满了黑白相间的棘刺。为什么豪猪的身上会长这些刺，这些刺又是用来做什么的呢？

豪猪白天藏在洞穴里，晚上才会出来觅食，它们是夜行性动物。它们只吃植物瓜果等，会对农作物造成很大的危害。

所有豪猪的身上几乎都长满了棘刺，这些棘刺成为它们御敌的最佳武器。当豪猪遇到危险的时候，它们会立刻竖起身上一根根的棘刺，互相磨擦、发出声响。同时，豪猪的嘴里也会发出低吼声，来威胁敌人。如果敌人仍想要进一步进攻的话，它就会转身倒退着冲向敌人，与敌人搏斗。

在很久很久以前，豪猪身上只有鬃毛，只有少数豪猪的身上会长

出一些较硬的长刺。在长时间适应生存环境的过程中，豪猪慢慢地演化成了如今的具有棘刺的特征。

在自然界中，许多肉食动物都深知豪猪一身尖刺的威力，因而从不轻易招惹它。但豪猪也有天敌，那就是鱼貂。虽然名为鱼貂，但它却很少吃鱼，是几种吃豪猪的猛兽之一。捕猎时，鱼貂会先挑逗豪猪，随后迅速将它放翻身，戳开其腹部。

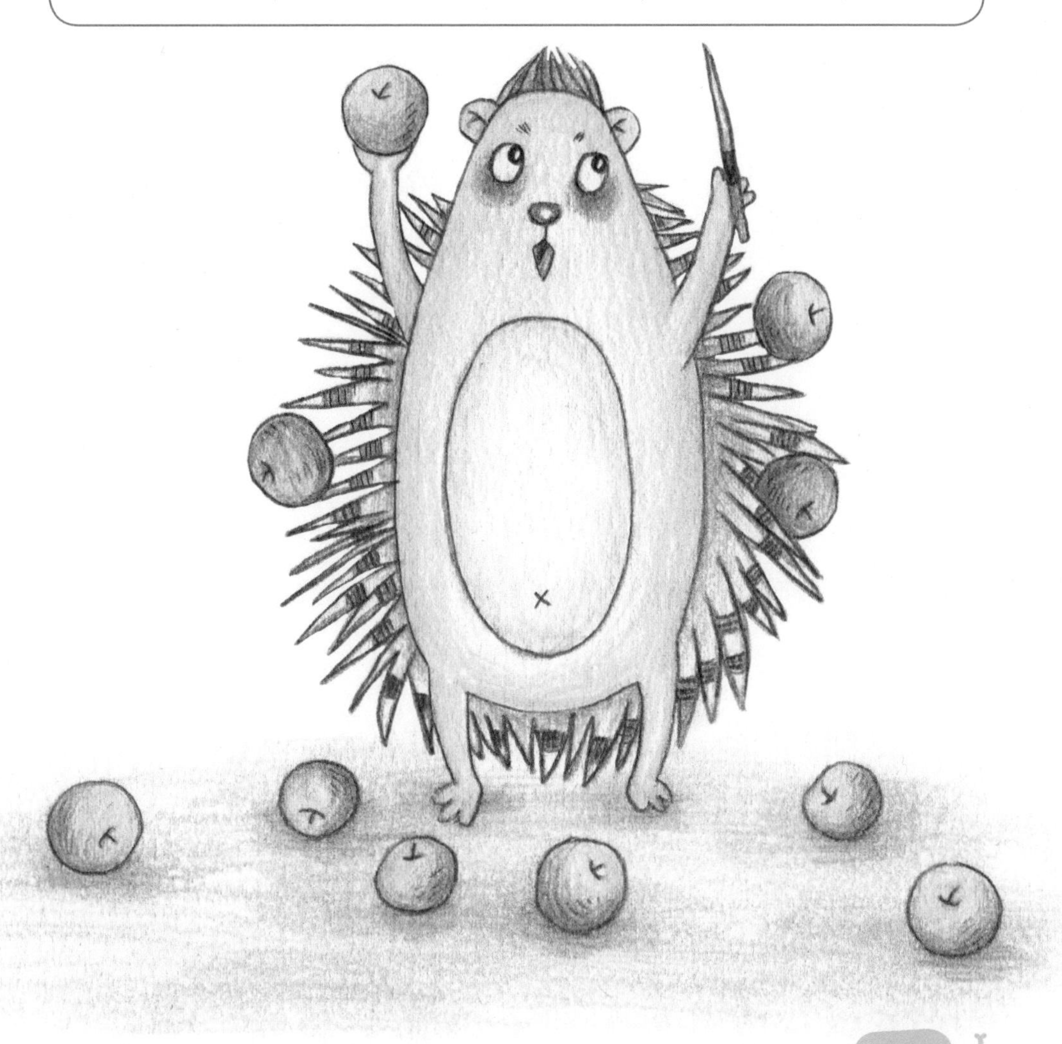

如何分辨雌鹿和雄鹿

鹿的性情温和，不喜欢争斗。通常在遇到危险时，总是以消极的逃跑来躲避敌害。不过在鹿群内部就没那么和平了，雄鹿为了争夺与雌鹿的交配权，就会变得格外霸道，而它们彼此争斗的利器，就是头上坚硬的鹿角。

在秋末冬初之时，雄鹿的角已经完全硬化。雄鹿会在黎明时到高地上发出求偶信号。于是，尚未找到伴侣的一只只雌鹿便会赶来，与雄鹿在一起，直至交配期都不会离开。如此下来，一只雄鹿往往会带领着数十只雌鹿。

不论是在形状或是构造上，鹿角与牛角、羊角都不相同。鹿角是实心且多分岔的，看起来相当漂亮，而且每年会脱换一次，长出新的鹿角。但牛角、羊角没有分叉，而且牛角、羊角一生只长一次。

那么，是每一只鹿都会长角吗？不是的，一般来说，只有雄鹿才会长角，雌鹿是不长角的，因此我们也就可以很容易地分辨出雄鹿和雌鹿啦。雄鹿脱换后的新角，会经过两个时期的发育，初期的鹿角既软并富含血管，称作“茸期”；经过后期的灰化后，鹿角就会变得格外坚硬了。

鹿的种类很多，既有漂亮的梅花鹿，也有被誉为“四不像”的麋鹿，还有马鹿、白唇鹿、水鹿、豚鹿等等，而且大多具有很高的经济价值和药用价值。

鹿的全身都是宝，鹿茸、鹿胎、鹿心、鹿血、鹿骨、鹿鞭、鹿尾等都是比较珍贵的药材，尤其是鹿茸更加贵重，它常被用作滋补药材，对于那些身体比较虚弱、神经衰弱的人来说，鹿茸有着很好的治疗效果。

梅花鹿或者马鹿的鹿角在初生还未长成硬骨时，是一种名贵的中药材，即是人们常说鹿茸。鹿茸作为一种常用中药，对于患有身体虚弱、神经衰弱的人来说具有很好的疗效。

梅花鹿的斑纹会在冬天消失吗

在春、秋两季，大多数的哺乳动物会脱换身上的毛，不过也有一年仅换一次毛的。如果我们在春天快要结束的时候来动物园观察，就会发现有些动物身上残留着一片片即将脱落的冬毛。

一般的哺乳动物，由于长期生活在大自然中，梅花鹿身上的毛色也会随着环境的改变而变化。比如，夏季，动物的毛色会变得比较深，这是因为自然景色在这个季节比较浓艳，而冬天则正好相反。但是，如果在景色较为单调的沙漠地区，生活在这里的动物，其体色变化就不会太明显了。

在春天，梅花鹿要脱换冬毛，长出夏毛，它们的体内会分泌出更多的白色素，长出一些白色的毛发。但是，由于天气日渐炎热，梅花鹿身上的这些白毛也会变得比较稀疏，便于散热。在这个阶段，我们很容易就能看出由白毛构成的梅花斑点。

秋天过后，梅花鹿在夏天长出的白毛已经脱落。此时，梅花鹿身上长出的冬毛又厚又长，所以稀疏的白色斑点，自然也就不易见到了。

所以，梅花鹿的斑纹并不是在冬天消失了，而是在夏天更容易显现出来。

长颈鹿的脖子为什么特别长

去动物园的时候，你是不是特别容易被长颈鹿吸引呢？它的个性温和，非常友善，有着长长的脖子和美丽的花纹。长颈鹿斯斯文文的，像位优雅的绅士。

那么，为什么长颈鹿的脖子会这么长呢？根据英国著名的生物进化论者达尔文的研究，在大自然里，总是存在优胜劣汰的现象，也就是说，经过长时间的适者生存，不适者被淘汰的演变进化，动物们就成了我们现在看到的样子。而那些不能适应大自然的动物则先后灭绝了。这也就是达尔文所说的“物竞天择”。

达尔文认为，在很久以前，长颈鹿的祖先是不一样的，它们彼此存在着很大的差异，比如当时有的长颈鹿脖子短，有的却比较长。

长颈鹿是素食动物，主要以树叶为食。脖子比较长的长颈鹿可以吃到长得比较高的叶子，但是脖子比较短的长颈鹿却不能，它们只能以低处的叶子为食。

当饥荒来临的时候，脖子比较长的长颈鹿就能够顺利吃到较高树上的叶子，从而在大饥荒中生存下去。但是脖子较短的长颈鹿，就很难突破生活的困境，长期吃不到嫩叶，慢慢地就被大自然淘汰了。

久而久之，脖子比较短的长颈鹿逐渐消失，只剩下了脖子比较长的长颈鹿，经过一代又一代的生殖繁衍，就进化成我们现在看到的脖子特别长的长颈鹿了。

能够顺利存活的长颈鹿，不但脖子长，还长有非常灵活的舌头，可以让它吃到富含水分的嫩叶幼芽，所以它们非常耐渴，可以好几个月不用喝水。

长颈鹿是世界上最高的动物，成年雄性长颈鹿的平均身高可达5.3米，它的脖子和腿的长度都超过1.5米，有些长颈鹿的脖子甚至超过2米，因此，它又是名副其实的世界上脖子最长的动物。

松鼠的大尾巴是用来做什么的

咦！有只俏皮的松鼠正从这棵树跳到另一棵树上，还不时地在树上爬上爬下，一会儿用前肢“洗脸”，一会儿摘粒松果啃食。松鼠行动敏捷，体形却娇小可爱，真是令人喜爱的小动物。

松鼠能给人留下如此可爱的印象，它的那条小伞一样的尾巴可是功不可没。这条毛茸茸的大尾巴也算是松鼠的一大特色，在别的动物身上是很难找到的。那么，你知道松鼠的大尾巴有什么作用吗？

松鼠是栖居在树上的，它有强健的后肢，非常擅长跳跃，

经常会在树间跳来跳去，而它的大尾巴就是在跳跃的过程中发挥重要作用的。松鼠用尾巴来保持身体的平衡，防止从树上摔下来。

在寒冬来临时，松鼠吃完食物匆匆回到巢内，就会把它那如同厚毛毯般的大尾巴盖在头上，再蜷缩成一个圆球状，美美地睡一觉。这样看来，松鼠可是一年四季都背着个大棉被呢。

除此之外，当小松鼠遇上危险时，母松鼠就会焦急地摇晃着它的大尾巴，在树上不安地跑来跑去、跳上跳下，还不时地敲出声响，以此来请求同伴的帮助。

你知道吗？旱獭和黄鼠跟松鼠还是亲戚呢，很久以前，它们也有大尾巴。但是因为旱獭和黄鼠长期生活在地面上，不需要在树上跳跃，所以它们的大尾巴也就逐渐消失了。

北极熊如何在寒冷的北极生存

北极冰天雪地，北极熊是唯一生活在这里的大型猛兽。北极熊体型相当魁梧，整个身体覆盖着厚密的毛，比我们在马戏团里看到的黑熊的体形还要庞大，毛还要浓密。

同样是熊，难道北极熊就不怕冷吗？事实上，在这里生活了很久的北极熊，已经适应了北极的气候。北极熊有着肥厚的皮下脂肪，它的头较扁，颈子粗且长，但是耳朵很小，眼睛又圆又亮。它的爪子并不锐利，可是脚掌却出奇的厚实且肥大，另外，它的脚掌上还长出许多密实的厚毛，能让它在光滑的冰面上以惊人的速度奔跑，灵巧地捕食鸟类。

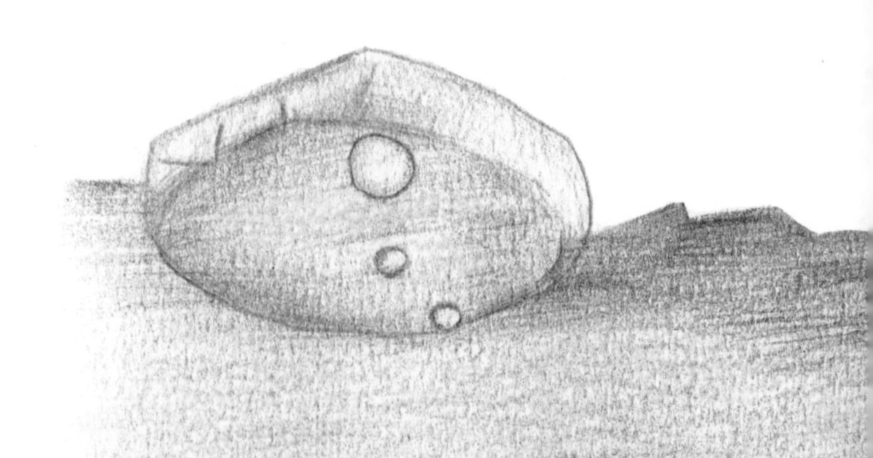

不过，如果你被北极熊的憨厚外形所欺骗，以为它行为懒散、动作迟缓，可就大错特错了。事实上，北极熊可是出了名的游泳健将，能够潜入水中捕捉海豹或鱼类。

为什么除了北极熊外，没有其他大型猛兽生活在北极呢？一方面是因为严酷的气候环境，很多动物在那里根本无法生存；另一方面是在很久以前，北极与其他大陆之间，被辽阔的大海所隔断，许多猛兽根本无法到达那里，而已经在此生活的动物，随着气候的转变，纷纷迁移到别处，只有北极熊留了下来。

大熊猫为什么是“国宝”

大熊猫非常可爱，全身上下胖乎乎的，脸颊圆圆的，整天戴着“墨镜”，穿着一身黑白色的“棉袄”，走起路来摇摇摆摆，还是内“八”字的走法呢。每次见到它，你是不是总想摸摸它、抱抱它呢？但是，让人伤心的是，这么可爱的动物全世界只剩下一千多只了。

有的人也许不知道，熊猫是中国独有的动物，只生长在四川、甘肃等地方，所以大熊猫是我们的国宝，几乎是人见人爱。十九世纪末，有位法国传教士在中国见到了它，觉得很是稀奇，于是抓了一只制成标本，带回欧洲展览。欧洲人从没见过这样的动物，初次见到大熊猫，他们一阵议论，有人断言世界上根本没有这种动物，这具标本是个骗人的玩意儿！

其实，大熊猫在地球上至少已经生存了八百万年，大多数和它同时期的远古生物都早已绝种，熊猫却成功地适应了地球的气候变化，幸运地存活至今，所以它被誉为“活化石”也算实至名归。

大熊猫的个头很大，能长到180厘米的身高和100多千克的体重。大熊猫十分害羞，习惯独居，即使是野生的大熊猫也有交配困难、繁殖率过低的问题。如今，由于栖息地遭到破坏，盗猎严重，大熊猫的数量急剧减少。如果无法作好保护、养育的工作，这种化石级的珍稀动物就要在二十一世纪灭绝了。

大熊猫身上的黑白花纹是非常独特的，耳朵、肩膀、腿和眼圈是黑色，其余部位则是乳白色。大熊猫有五个手指和脚趾、有 42 颗牙齿用于进食，能发出 12 种不同的声音表达感情。

熊在冬眠的时候只会睡觉吗

冬天的时候，天气真冷啊。冬天最痛苦的事情莫过于早晨起床了，看着窗外厚厚的积雪，有些人就会想在床上多睡一会儿。许多人都喜欢赖床，希望能一直躲在暖暖的被窝里。这么看来，冬天时能够睡上一个长长的好觉，是件很幸福的事。

很多动物都会在冬天来临的时候进入“冬眠”状态，比如变温动

物青蛙、蛇等，到了冬天其体温随着气温降低，就会一直“睡觉”。

但是熊的冬眠可不是这样的哦。熊为了顺利度过寒冬，在整个秋季熊都在拼命地吃东西，贮存皮下脂肪。然而等到了第二年春天，冬眠的熊从蛰居的洞里出来的时候，它的体重已经只有原来的三分之一了。

熊在冬眠时并不是一直睡觉，它只不过会尽量减少活动，避免热量的消耗。在冬眠的时候，最辛苦的就是怀了孕的熊妈妈了，它们必须在冬眠期间生下小熊，哺育熊宝宝，好让小熊在第二年春天可以健康地迎接新世界。

不过，值得一提的是，也并不是所有的熊都是如此的，比如生长在热带地区的熊即使在冬天也很容易觅取食物，所以它们并不会冬眠。

蜘蛛如何织网

我们常常可以在破旧的房屋里，或是在树枝甚至两棵树之间发现蜘蛛网，这些网相隔两地，距离不算太远。人们会好奇蜘蛛是如何将蛛网连接起来的？对于这种既不会飞行、又不会跳远的动物而言，它们究竟学会了怎样的魔法呢？

蜘蛛网其实是由蜘蛛的丝结成的。当我们研究蜘蛛时发现，在它的肚子末端有几对“纺织器”，而蜘蛛丝就是从这里流出来的。

蜘蛛丝的成分跟蚕丝很相近，主要为蛋白质构成。

蜘蛛刚流出的丝线，就好像我们平常所用的胶水一样具有黏性，不过一旦丝线接触到空气后，就会立刻变成硬丝。

蜘蛛在架设它的空中猎网时，会先在它所在的地方制造许多长度足以到达对面目标的丝线，这些丝线一遇到风，便会随风在空中飘荡，一旦丝线的另一端飘到了对面目标，缠住树枝或其他东西时，正在原地固定蛛丝的蜘蛛，就会以这条线为支撑，再来回黏上许多蛛丝，以使它变得更粗、更结实。另外，蜘蛛还会在这条粗丝下方平行架设另一条粗丝以增加牢固度，之后蜘蛛就可以在这两条粗丝的基础上将其织成网状的结构了。

蜘蛛网上为什么会有小虫子的空壳

蜘蛛用它织成的网来捕食一些昆虫等，但为什么最后总有一些昆虫的空壳留在蜘蛛网上呢？蜘蛛吃了它们的内脏，为什么把空壳留下来呢？

蜘蛛的身体由头胸部和腹部构成，像线一般的细腰将它圆形的腹部和头胸部连接起来。

在蜘蛛的头胸部内，有食道和胃相通。头胸部的外面则生有四对附属肢体，前端的第一对叫做“钳角”，能产生毒液；第二对叫“脚须”，可以辅助摄取食物；而后面的两

对，则是用来爬行的步足。

蜘蛛是以较少见的体外消化方式来进食的，因为它的嘴很小，长在脚须的中间，而且也没有牙齿咀嚼食物。

当蜘蛛猎捕到小昆虫时，会先用钳角里的毒液将小昆虫麻痹，再用蛛丝团团缠绕，然后吐出一种名为“酵素”的消化液，注入小昆虫体内。酵素会将蛋白质慢慢地溶解，稀释小昆虫的五脏，让其内部组织全部化为液体，然后蜘蛛便会用它的小嘴吸食小昆虫的内脏。

值得一提的是，小昆虫的外壳是酵素不能溶解的蛋白质，所以每次蜘蛛吃完小昆虫后，总会将空壳留下，黏在蜘蛛网上。

蜈蚣真的有100只足吗

蜈蚣的身子细长，密密麻麻地长了很多只足，所以蜈蚣又被称为“百足虫”。但是事实上，俗称“百足虫”的蜈蚣并没有一百只足，所谓“百足”只是说明它的足很多而已。

在中国长江流域常见的巨蜈蚣就只有四十只足。它的全身可分为头和躯干两部分，在头部有一对鞭形触角，而背面两侧各有一对由四

个单眼组成的集合眼，彼此距离很近，犹如复眼。它的腹、背部扁平，背部呈深绿色，腹部则为淡灰色。它的躯干分成数节，每一节都有一对足，而第一对足长得像一把钳子，位于口器（口器是节肢动物，如蜈蚣、蜘蛛等才具有的器官，位于嘴巴两侧。）的前下方，在这对足内藏有毒腺，可视为一对“毒爪”。最后一对足则向后拖长，状似一对长尾巴，称为殖肢。

在巨蜈蚣还是幼虫的时候，它的身体只有六个环节。在将来的生长过程中，它会不断脱皮，每脱一次皮，它就会增加一个环节以及一对足。

像蜈蚣这类多足动物，行走速度都十分迅速。在白天，它们通常喜欢躲藏在阴暗潮湿的地方，到了晚上才会出来觅食，利用毒爪捕食蟑螂等昆虫。

蜗牛爬行过后为什么会留下痕迹

蜗牛胆子很小，背着一个小房子，爬得很慢，而在它爬过的地方会有一条线，那就是蜗牛爬过的痕迹。

蜗牛属于腹足类软体动物，如果仔细观察，你会发现它的头部有两对伸缩自如的触角。前面的一对触角比较短，可以说是蜗牛的鼻子，具有嗅觉功能；后面一对较长的触角，其顶端各长着一只眼睛。当它遇到危险时，触角会迅速缩回，有时蜗牛甚至会

把整个身体缩回壳内。

蜗牛行走速度相当慢，若我们把它放在透明玻璃上，从下方来观察，可以清楚地看到在它身体的腹部生有宽且细的横褶，而末端比较尖，这就是它的足，称作“腹足”。

蜗牛行走时，能用它的腹足紧紧贴在物体上，再经由腹足肌肉波状形的蠕动，缓慢地向前爬行。同时，在它的肌肉足上还生有一种叫做“足腺”的腺体，能够分泌出黏液来帮助它爬行。也就是说，蜗牛爬过的地方，总会留下这些黏液，而黏液干了以后，自然就形成了一条发亮的延线。

蚯蚓在土壤里如何呼吸

蚯蚓是夜行性的动物，白天的时候它们会蛰居在泥土洞穴中，到了晚上才外出活动，一般都是在夏秋季晚上 8 点到第二天凌晨 4 点。蚯蚓大多喜欢生活在潮湿、疏松而富含有机物的泥土中，特别是土壤比较肥沃的菜园等耕地里，在河、塘、渠道旁以及食堂附近的下水道边、水缸下等处我们也可以发现蚯蚓的踪迹。

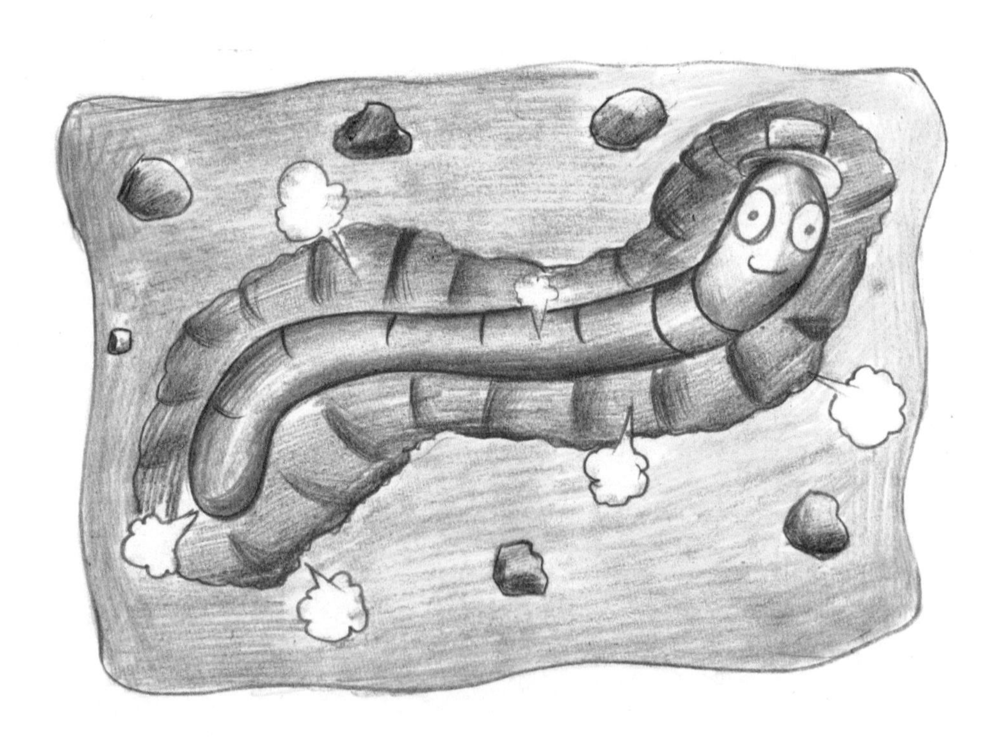

由此我们可以看出，蚯蚓似乎总是生活在密闭的空间里。任何动物都得呼吸才能活得下去，那么蚯蚓在这样的环境里还能呼吸吗，它是怎么呼吸的呢？事实上，蚯蚓既没有肺，也没有鳃，它是靠皮肤来呼吸的。

蚯蚓的身体表面有一层可以分泌黏液的皮肤，所以总是能够保持湿滑的状态。另外，在这层皮肤里布满了细小的血管，这些血管又和身体内部紧密相通，蚯蚓能将空气中的氧气溶解到它皮肤的黏液中，然后再渗透到皮肤内细小的血管里，最后经由血管中的血液，把氧气带到全身各部位，供给所需。同样的，蚯蚓体内不需要的二氧化碳，也会经由血液带到皮肤里的细小血管中，再渗透至皮肤表面，透过黏液排出体外。就是凭借这种特殊的能力，蚯蚓才能延续生命。

由此可知，蚯蚓的皮肤一旦变得干燥，氧气无法运送至体内，二氧化碳也无法排出体外，那蚯蚓就没办法存活了。

为什么要给奶牛放音乐

走进奶牛饲养场，我们经常会看到，一些饲养员正在放音乐给奶牛听，真奇怪，难道奶牛还听得懂音乐吗？其实，给奶牛听音乐是为了增加奶牛的产乳量，这种方法可是真的有效呢。那么，为什么奶牛听了音乐之后，产乳量就会增加呢？

奶牛分泌乳汁的质与量，和奶牛本身的体质、年龄以及健康状况等息息相关。除了奶牛自身的因素之外，其他外界因素的影响，比如饲料的优劣、饲养与管理或气候的变化等，也会对奶牛的泌乳情况产生影响。

年轻的奶牛产乳量会不断增加，直到提升至一定的程度后，当奶牛逐渐衰老，它的乳腺发育也渐渐减退时，泌乳量及脂肪含量便会开

始减少。

如果想要增加奶牛的产乳量，放音乐给奶牛听确实能够达到效果。因为奶牛泌乳是一个复杂的生理作用，它经由神经系统控制，而外在环境中的各种刺激，透过奶牛的嗅觉、视觉或是听觉、触觉等，都会影响其泌乳量。不过，外界的刺激有可能增加泌乳，但也可能导致相反的效果，因此在没有科学实践引导的情况下，是不能胡乱营造外部环境的。

实验证明，给乳牛播放一些和谐悦耳的音乐，有助于增强乳牛大脑皮层的兴奋过程，导致泌乳反射加强，确实是可以提高产乳量的。

猴子吃的是同伴身上的“跳蚤”吗

天气好的时候，我们经常可以在动物园看到这样的情形：一只猴子在另一只猴子身上找来找去，还时不时地把找到的东西塞进嘴里，虽然距离很远，但我们似乎仍能听到“咯嘣咯嘣”的咀嚼声。

很多人说这是猴子在互相抓跳蚤，听上去有一些道理，但事实上却并不是这么回事。

其实，猴子的身上并没有很多跳蚤。它们之所以这么做，是因为当它们活动过后，身上的汗水逐渐蒸发，而汗里面所含的盐分却保留了下来，时间长了，盐分便与皮肤及毛根上的污垢结合在一起，形成了细小颗粒状的结晶。

一般来说，只要是动物都会需要补充盐分，只是每种动物所需盐分的量各不相同。动物园中所饲养的动物，以河马所消耗的食盐量为最多，平均每只河马一天就要吃掉 600 克的食盐，才能满足它的生理需求。

对于猴子而言，从平时吃的食物中，也不易摄取到足够的盐分，于是它们就养成了互相食用同伴身上的结晶盐粒，以补充盐分的习惯。

骆驼是怎么在沙漠里生存的

一讲到沙漠，我们马上联想到的动物恐怕就是骆驼了。如果人类想在酷热的沙漠中生存，肯定是非常艰难的，但是对于骆驼而言，却似乎轻而易举，它甚至还有了“沙漠之舟”的美誉，究竟它们有什么魔力，竟然能在如此恶劣的环境中长久生存？

骆驼之所以能在炎热、干旱的沙漠地区活动，首要功臣要归结于它长着三个颇能忍饥耐渴的胃，其中一个胃里有许多瓶子形状的小泡

泡，专门用来贮存水，所以骆驼可以在没有水的环境下生存两周，骆驼的驼峰里还贮存着脂肪，可以在得不到食物时，分解成身体所需的养分，供骆驼生存需要，因此，它不吃东西可以生存一个月之久。此外，骆驼还能消化沙漠中粗糙的植物，并且耐得住白天的酷热和夜晚的严寒，这也算是它们的另一项绝技了。

骆驼的四肢很长，可以大步向前迈进，趾跟长着富有弹性的肉垫，可以让它免于陷入沙中。它有两种眼睑（俗称的眼皮），睫毛又很长，这样细沙就不会吹进它的眼睛里。另外，它的鼻孔斜开，还可以自由闭合，所以能够防止灰尘进入。

骆驼鼻子里的嗅觉细胞特别集中，因此它不但能顺利找到食物，还能在一片荒漠中，敏锐地嗅出毫无味道的水源。

为什么兔子的眼睛颜色不一样

小时候，妈妈教我们唱这首歌：“小兔子乖乖，把门开开。不开不开我不开，妈妈没回来。”兔子的性情温和，外形可爱，加之容易饲养，非常受孩子们的喜爱，有不少人把兔子当成宠物饲养。

一到宠物店，你可以看到各种各样的兔子，有垂着大耳朵的垂耳兔，

有长得像狮子的狮子兔，有身材矮小的侏儒兔，还有各种不同毛色的兔子，兔子眼睛的颜色也各不相同。

为什么兔子的眼睛会有不一样的颜色呢？有的是红色，有的是天蓝色，也有的是黑色、灰色或褐色的。这是因为兔子的身体里含有各种色素的关系，比如眼睛是天蓝色的兔子，它的身体里就含有蓝色的色素。

通常来讲，兔子眼睛的颜色，会跟它们皮毛的颜色一样。那可奇怪了，为什么小白兔的毛是雪白的，可是它的眼睛却是红色的呢？难道是它的体内有红色素？

其实，小白兔是属于不含色素的品种，所以你看到它的毛是白的。而它的眼球本来也没有颜色，之所以看上去红彤彤的，是因为它眼球内血液所映衬出来的颜色是红的，而并非其眼睛本身的颜色所致。

兔子的耳朵为什么那么大

你会唱这首儿歌吗："小白兔，白又白，两只耳朵竖起来，爱吃萝卜和青菜，蹦蹦跳跳真可爱。"

小兔子的大耳朵难道只是为了让它看起来更可爱吗？如果你认为大耳朵没有一点其他功能，那可就错了！

其实兔子是使用耳朵最多的动物。因为兔子只“吃素”，所以，它是相当柔弱的。当面临其他动物攻击的时候，兔子根本没有足够的能力来抵御。那么，危险来临的时候怎么办呢？它们唯一的办法就是跳跃逃跑。为此，兔子不得不时刻竖起自己的耳朵，一旦听到异常的声音，马上逃之夭夭。

动物的耳朵用来听辨各种物体所发出的声音，其构造大致可分为三部分，即外耳、中耳和内耳。长在外面的外耳，形成一个凸出的“耳廓”，它具有收集四面八方传来的声波的作用，而耳廓愈大，能听到的声音也愈清楚。

兔子的耳朵长得大，有利于听清楚周围环境的声音，这样就有利于躲避灾祸。另外，兔子的耳廓还能自由转向声音发出的地方，这样不但能听得更清楚，而且能听到的距离也更远。

为什么大象用鼻子吸水却不怕呛

大象伏下脑袋，把长长的鼻子插入水中，猛吸一下，然后扬起鼻子，水花从鼻孔中喷出，好像小型的喷泉。很多人可能会有疑惑：如果是我们人类，在游泳池里吸一鼻子水，恐怕早就呛个半死了，为什么大象不怕水呛到肺里呢？

原来，我们人类的食道连着胃，属于消化系统；气管连着肺，属于呼吸系统。这两条管道在喉头部位靠得很紧，气管在前，食道在后，但一起开口在咽部。我们用嘴巴吃饭喝水，用鼻子呼吸，分工明确，不会相互干扰。但当你用鼻子吸水时，水会进入气管，就会呛着。

但是，大象的气管和食道相通，在它的鼻腔后面，连接食道的上方，生有一块会自动开合的软骨。当它用鼻子吸水时，大脑中枢神经便会下达命令，让喉咙部位的肌肉收缩，使得食道上面的这块软骨自动将连接气管的入口盖住，被它吸入鼻腔中的水，就只能进入食道，并不会吸入气管，自然也不能到达和气管相通的肺叶里，所以大象是不会被呛着的。

当大象将吸进去的水又喷出来时，中枢神经又会“指挥”

这块软骨，让它自动张开，以便大象的身体继续维持正常的呼吸运动。

你看，自然界是多么的神奇，虽然都是哺乳动物，但是在细节处，却又有很多的不同。

大象是陆地上最大的动物，刚出生落地的小象，就有1米高，约100千克的体重；5岁左右的大象，身高能够达到4米左右，身长可达8米以上，体重也有七八吨；而一头成年的非洲雄性大象，体重足有20吨。

猫从高处跳下来为什么不会受伤

猫非常擅长攀爬和跳跃，我们经常可以看到它从墙端跳上屋顶，又从屋顶跳到地面上。但是猫却从来没有因为跳跃而摔伤，这是为什么呢？

有人专门进行过这方面的研究，他们发现：猫的体内有着比其他动物更为完善的器官平衡功能。这种功能可以保证它在跳上跳下时，能在一定程度上维持身体的平衡而不会摔伤。

当猫从高处跳下时，身体一旦失去平衡，它的眼睛就会立刻察觉到，同时，在它耳朵里的内耳部分的平衡器官，也会很

快感觉到并把信息传到延脑，延脑收到信息后再立即通知大脑。此时，大脑会很快地下达命令给脊髓，脊髓再通知四肢的骨骼肌，让骨骼肌以最快的速度运动起来，将原本不平衡的身体状态迅速恢复正常，缓解落地时对身体造成的冲击。

另外，猫的脚底还有又软又有弹性的肉垫，可以让它从高处跳下时，缓冲身体受到地面震动的影响；而猫长长的尾巴，也是帮助身体维持平衡的重要器官。所以，当猫跳来跳去的时候，我们一点都不必担心它受伤，它们早就已经做好准备了。

猫咪没有胡须会怎样

如果把猫咪的胡须给剪掉了，你就会发现猫好像变得比较迟钝，感觉也没那么灵敏了。没了胡须的可怜猫，为什么会突然变得迟钝了呢？

原来，猫硬硬的胡须底端有一个触觉感收器。如果胡须的外端碰到了东西，会不由自主地弯曲或振动，信息会迅速地传递到胡须的基部，这时候触觉感受器的开关被触发，可以接收并处理信息了。

当触觉感受器及时接收到胡须传来的震动时，立刻又会以闪电般的速度，通过许多复杂的神经网，传导到神经中枢，然后再由这里发出命令，让身体对所碰到的东西做出反应。

以猫抓老鼠为例，如果老鼠逃跑到自己的洞里，猫来到洞口时，会先用胡须触碰鼠洞，来测量洞口的大小和深浅，以此分析自己的身体能不能通过。由此可知，猫两旁胡须顶端间的距离，其实和它身体大小有密切关系，就好像随身携带着一把尺子一样。

为什么狗要伸着舌头喘气

夏天，天气太热了，有的人很怕热，稍一活动就会汗流浃背。为了清凉解暑，人们吹风扇，开空调，喝凉水，就连小狗也会吐出舌头，不停地喘气。小狗总是伸着舌头喘气，难道是它热得生病了吗？还是它想喝水呢？

其实，不管有没有养过小狗，我们都应该知道：狗和人类一样，都属于恒温动物。恒温动物的大脑中都有体温调节中枢，其中生长有发达的保温构造，能让体温保持在一定的范围内。一旦体温太高或太低，就会给身体带来非常大的伤害，严重的时候，还需要打针吃药治疗。

因此，在天气特别热，或者刚刚做过大量的运动时，我们的身体必须把多余的热量散发出去，以维持正常体温。人类通常是通过汗腺来散发热量的，汗腺排出汗水，带出身体内多余的热量。

同样的原因，当小狗太热的时候，也要借助汗腺来散热，但是与人类不同的是，小狗的全身长满毛发，没有汗腺，只有舌头上才长有汗腺。所以，它们必须张开嘴巴，用加速呼吸、不断喘息的方式来散热，以维持一定的体温，保持身体的健康。

狗的尿液具有一定的腐蚀性，会对车胎、路灯杆等造成一些损害。据说，由于太多狗在上面“做标记”，导致克罗地亚的一些街灯倒塌。

狗鼻子怎么总是湿湿的

我们经常在电视上看到，警察在追捕罪犯的时候，总是会牵着警犬；在救援灾区的时候，也会带上几条狗；就连机场安检，也时常能看到狗的身影，这一切都要归功于狗有一个灵敏的鼻子。

小狗的嗅觉格外灵敏，可以闻到和分辨出各种不同的气味，原因在于狗的鼻子构造要比一般动物鼻子的构造复杂得多。

高等动物都把鼻子当作呼吸及嗅觉器官，所以在鼻腔中都生

有褶皱，褶皱上还长有一层黏膜，而在这层黏膜上有很多的嗅觉细胞，通过这些嗅觉细胞，动物才能分辨出各种气味。

而且，在这层黏膜上，经常会分泌出一些黏液来滋润这些嗅觉细胞，好让细胞能更灵敏地把各种气味由嗅神经传入大脑。

小狗的嗅觉器官上同样也有黏膜，只是小狗鼻子的构造稍有不同。在小狗鼻子的尖端表面，也就是鼻尖的地方，还长有一块没毛的黏膜组织。这里会分泌黏液，使嗅觉细胞维持较好的状态，所以有时不小心碰到小狗的鼻子时，会感觉湿湿黏黏的，但它却不是在出汗。

犀牛鸟为什么会心甘情愿为犀牛服务

在自然界里，很多动物都是跟自己的同类打交道。但是，犀牛鸟和犀牛虽不是同类，却相互帮助，彼此为伴，成了很好的朋友。

一只体型壮硕的犀牛，就算有三四只大狮子，恐怕也敌不过它。犀牛力大无穷，皮肤坚厚如铁，加上头顶那支粗硬结实的长角，要是哪个倒霉蛋被它用力顶一下，恐怕马上就会完蛋的。

即便如此，仍然有一种鸟类愿意常伴犀牛左右，那就是“犀牛鸟”。这种像画眉般大小的鸟，长着小巧的身体和黑色的羽毛。它们常常

啄食犀牛身上的寄生虫作为食物，而犀牛自然也很乐意与它为伴，这种合作生活的方式，生物学家称为“共生”。也就是两种不同的生物，彼此聚集在一起生活，互得利益，却互不干扰。

犀牛鸟对犀牛还有另一项贡献，就是会及时向犀牛“拉警报”。原来，犀牛的嗅觉和听觉虽好，视力却很差，要是有敌人逆着风向来偷袭时，犀牛往往察觉不到。这时候，犀牛鸟就会通过上下不停地飞来飞去，来吸引犀牛的注意，帮助犀牛化解危机。

犀牛和大象为什么喜欢在泥水里打滚

大象和犀牛都生活在热带地区，它们总是喜欢到水里去冲凉，但是当它们离开水池后，会立刻让自己身上沾上许多泥沙，或是涂上一层厚厚的泥浆，使刚刚洗干净的身体，又变得很脏。

大象和犀牛之所以这么做，并不是它们天生不爱干净，而是有着不得已的苦衷。它们的皮肤虽然看起来似乎非常的厚实，但是却有很多的褶皱。在褶皱之间，还有很多地方又嫩又薄，这些又嫩又薄的皮肤非常脆弱，只要用细小的针就能轻易刺进去，如果不好好保护，很容易受伤。

在热带地区，有非常多的吸血昆虫，这些昆虫都有很锐利的口器，专门蜇咬其他动物的皮肤。犀牛和大象是温血动物，特别受到吸血昆虫的偏爱。它们会钻进犀牛和大象皮肤的褶皱中大大地蜇咬一口，吸饱它们温热的血液，害得犀牛和大象又痛又痒。因此，犀牛和大象总是在“冲凉”后，趁着皮肤较为潮湿之时，赶紧在身上沾些泥沙，也算是一种另类的保护“装甲”了。

为什么大猩猩擅长模仿

你看过大猩猩的表演吗？它们有的会敲锣打鼓扮怪相，有的会踩着独轮车满场乱跑，有的会骑马，有的会演闹剧，有的还能学人当乐团指挥……看它们生动逗趣的模样，比起其他动物来，其模仿及学习的能力可算是极强的。

一直以来，在我们的印象中，大猩猩是非常聪明的，行为方式也与人类非常相似，甚至还会以简单的方式进行“思考”。大猩猩之所以这么聪明，跟它们发达的脑容量是分不开的。

人类的脑容量约占体重的 1/35 ~ 1/45，而大猩猩的脑容量虽然比人类小，但也占它体重的 1/150。

由于大猩猩总爱栖息在树丛间，而在树上行动需要较大的灵活性和肌肉的协调性，长时间受此影响，也进一步促进了大猩猩脑部的生长，脑容量不断增加，大脑球体随之增大，甚至把小脑完全遮盖住了。

我们已经知道，大脑是控制人的思维、语言和行为等的一个综合性的神经中枢，小脑主要控制人体运动的协调性，也就是说，动物的大脑愈发达，也就愈聪明，情绪表达也就愈复杂。因此，大猩猩的学习及模仿的能力非常强，这也是理所应当的了。

大猩猩是当前世界现存的最大的灵长类动物，四脚行走的状态下肩高达到 85cm 左右，直立状态能达到 106 ~ 180cm。

马的耳朵为什么总是动来动去

动物的耳朵，大多是用来听声音的。可是，马的耳朵不但是一种听觉器官，同时也是马表达情绪的器官。

人类传达喜、怒、哀、乐，可以通过面部表情、声音语调或行为

动作来表达。但是，马不能说话，那么饲养马的人要如何知道马今天的心情好不好呢？通常，他们会从马身体的各种姿势、马脸上各部位肌肉的收缩、马尾巴和四肢的活动情况，以及马嘶鸣的声音来观察，只是其中又以耳朵传达的信息最容易让人察觉。

如果马的耳朵是垂直竖立的，耳根有力，只是微微摇晃，就表示它的心情很好；当马的耳朵不停地前后摇动，这就代表它的心情欠佳。

另外，马在紧张时会高高扬起头，耳朵向两旁竖立；马在恐惧时，耳朵就会不停地摆动，还会从鼻子里发出响声；马在兴奋时，耳朵则会倒向后方；马在疲倦时，耳根显得无力，耳朵还会倒向前方或垂向两侧。

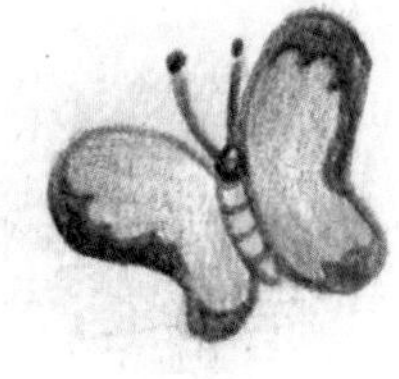

鸭子为何不孵蛋

如果有机会仔细观察鸭子的生活习性，你会发现一件十分有意思的事儿。鸭子产完蛋后，你可能会惊讶地发现，鸭子的蛋如果不是人工孵化的，那可能就会由母鸡来代孵。

为什么鸭子只会下蛋，却不会孵蛋呢？其实，这些不孵蛋的鸭子通常是家鸭。经过长期的人工驯化饲养，家鸭已经丧失了飞翔、迁徙的习性，甚至连筑巢孵蛋的本能也被改变了；而野鸭因为长期生活在自然界，其自然习性保留得相对完整，因

此野鸭是会孵蛋的。

一般来说，孵卵能力强的家禽，其产卵量通常会比较低。照这样来看，人们养鸭的目的，无非是食用它的肉及蛋，自然会不遗余力地提高家鸭的产蛋量，因此，它们也就慢慢地失去了孵蛋的本能。

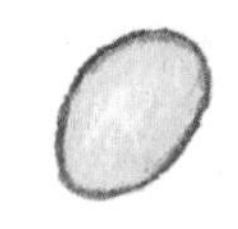

那么，母鸡为什么会替这些懒惰的鸭子孵蛋呢？因为鸡蛋和鸭蛋很相似的，而且母鸡也不像其他动物那样能够区分是否是自己产下的蛋，它看到蛋就以为是自己的，所以就很自然地去孵鸭蛋了。

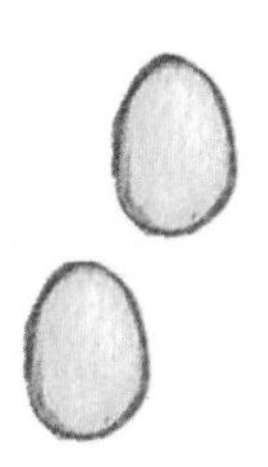

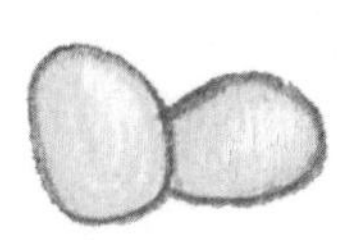

青蛙的腮帮子为什么总是一鼓一鼓的

可爱的小青蛙又累坏了，你瞧，它的腮帮子一会儿鼓起，一会儿瘪下，好像刚刚跳完很远的路，正在不停地喘气呢！

事实上，我们看到的小青蛙鼓腮帮，只不过是它在呼吸而已。青蛙的鼻孔位于眼睛和嘴巴的中间，在吸气的时候，它必须把嘴紧闭，口底下降，打开鼻孔，把外面的空气吸到嘴里，让口腔里充满空气。接下来，它再关闭鼻孔，口腔底上升，于是口腔的空间变窄了，就好像打气筒一样，空气被打到肺里去了。

青蛙要呼气时，需要依靠肺的弹力和腹肌的收缩，把肺里的空气压缩出来，就因为这样，青蛙的腮帮子不停地鼓动着，在我们看来，好像青蛙很累的样子。

青蛙虽然可以用肺呼吸，但它的肺部并不发达，肺泡较少，面积也小，所以气体交换量不大。因此，青蛙还需要利用皮肤分泌的黏液，帮助进行气体交换，以此来补充肺部呼吸量的不足。

青蛙是怎样抓虫子的

青蛙并不是特别活泼的动物，大多数时间要么静静地坐着“唱歌”，要么偶尔跳动一两下子，给人的感觉似乎并不灵活。不过它们却总能捕捉到行动敏捷的昆虫当食物，这是怎么回事呢？

通常青蛙捕捉猎物的方式有两种，一种是跳跃取食，就是当昆虫在它附近活动时，它用后肢的力量用力跳起，张开嘴巴把猎物吞进口中。

另一种方式是翻舌取食。青蛙的舌头非常特殊，人类的舌头后端是固定的，而前端则可以自由活动；但青蛙刚好相反，其舌头的前端固定不动，后端却可自由翻转。当昆虫靠近时，青蛙就能迅速地将舌头翻出，用舌头上分泌出的黏液，把猎物黏住，然后带回口中。

青蛙就是用这两种方式捕捉害虫的，比如蝼蛄、金花虫、螟虫等，真是帮了我们人类不少忙呢！

为什么蟋蟀爱斗又爱叫

你玩过斗蟋蟀的游戏吗？在农村或者一些宠物市场，经常会举办一些斗蟋蟀的小比赛。人们把两只雄蟋蟀放进同一个小盒里，再拿着一根干草逗它们，不一会儿，两只蟋蟀就会打斗起来。此外，我们也经常在晚上听到蟋蟀的鸣叫声。那么，你知道蟋蟀为什么爱斗又爱叫吗？

蟋蟀是一种很孤僻的昆虫，特别是雄性蟋蟀最喜欢独居。不过，当它们需要交配时，还是会和雌蟋蟀住在一起的。这时，如果有其他蟋蟀来干扰，它们一定会大打出手。这就是它们好斗的习性。

当蟋蟀需要交配时，雄蟋蟀会利用前翅摩擦发出声音，向雌蟋蟀发出呼唤。由此可见，雄蟋蟀在需要伴侣来繁衍后代时，还是挺有办法的。不过，雄蟋蟀的鸣叫也不一定都是在召唤雌蟋蟀，有时它们也会召唤雄蟋蟀，这时，它们会摩擦前翅发出另一种声音。

蟋蟀是一种食性很杂的动物，植物的根、茎、叶和果实它都能食用。但是这对农民伯伯来说并不是什么好事，它们经常破坏农作物的根、茎和叶，有时还会吃掉幼苗，给农作物带来很大的损害。

小蚂蚁是怎么找到回家的路的

小蚂蚁们勤勤恳恳，寻找到食物之后，往往呼朋引类，一起将食物搬回蚂蚁洞中。但是，有时运气好，小蚂蚁马上就能找到食物；有时运气差，走了好久还是一无所获，等到要回去时，那么远的路，它们还认得吗？

有的小孩比较调皮，常会把蚂蚁刚爬过的路，用手抹去一段，然后发现蚂蚁要找原路返回时，遇到被抹去的那段，就变得没方向感了。这说明蚂蚁有时确实会在爬过的地方留下气味，以便于自己可以循着气味原路返回。但也有些蚂蚁不留气味，而是记住沿途的天然气味，然后找到回家路的。

另外，蚂蚁的视觉非常灵敏，能利用陆地和天空的景致来认路。曾经有人用圆筒状的工具，遮住一群正要回巢的蚂蚁，让它们只能看到天空，结果它们仍能按照正确路线前进。后来，有人用一块大木板水平搁置在蚂蚁的上方，并且尽量放低，让它们不能看到天空及周围的景物，于是发现，蚂蚁开始失去方向，并且胡乱爬行。

由此可知，蚂蚁除了会根据气味找路之外，还可以根据周围的景致、太阳的位置和天空反射下来的日光来辨认方向。

据科学家研究，一只蚂蚁能举起超过自身体重400倍的物体，拖走超过自身重量1700倍的东西。一支团结一致的蚂蚁队伍，能够搬走超过它们自身体重5000倍的食物或者别的什么东西。

吸血蚊子都是母蚊子吗

大家知道吗，会吸血的蚊子，其实都是雌性的，而雄性的蚊子，却是不吸血的。那为什么雄蚊不吸血呢？

让我们先用显微镜来观察一下蚊子，看看它的口器长成什么样子。原来，蚊子的口器是由六根口针所组成，上唇、上颚、下颚分别有两根。当雌蚊吸血时，下唇弯向后方，下颚先刺进皮肤，其他口针紧接着伸入伤口，直接伸到人的毛细血管里吸血。

再看雄蚊的口针，已经退化得比较严重了，它的下颚短小且细弱，根本没有办法刺入动物的皮肤，自然也就没法吸血了。事实上，雄蚊主要靠吸食花蜜、植

物或其他东西的汁液来获取营养，但它的寿命也仅有六七天。

反观雌蚊，它也会像雄蚊一样吸食花蜜、植物或其他东西的汁液，但是这并不是它获取营养的唯一途径，它们还可以吸动物的血。一旦雌蚊吸血后，其受精卵就能够成熟，而它的寿命，则有三十天之久。

苍蝇为什么不生病

但凡脏乱的环境里，通常都会存活大量、各式各样的细菌，苍蝇最喜欢这种地方，甚至还以这些脏东西为食。苍蝇吞食或沾染一些不干净的东西之后，身上也会感染很多细菌，一般来说，一只普通的苍蝇大约携带几十万到几亿个细菌。这就很奇怪了，为什么苍蝇携带了这么多的细菌，自己却从来不生病呢？

其实，每种生物都有适合它生长和繁殖的场所，细菌也不例外。很多对人体有害的细菌，只能在苍蝇的消化道里存活五六天，一部分细菌死亡，还有另外一部分会随着苍蝇的粪便排出体外。更重要的是，细菌在苍蝇的体内无法大量繁殖，也不能产生大量的毒素，面对身体能够适应毒素的苍蝇，细菌自然无能为力了。

除此之外，苍蝇体内还存在一种抗菌性活性蛋白，它像炮弹一样，杀伤力很强，只要万分之一的浓度，就可以消灭各种病菌，这也是苍蝇本身不易生病的原因之一。

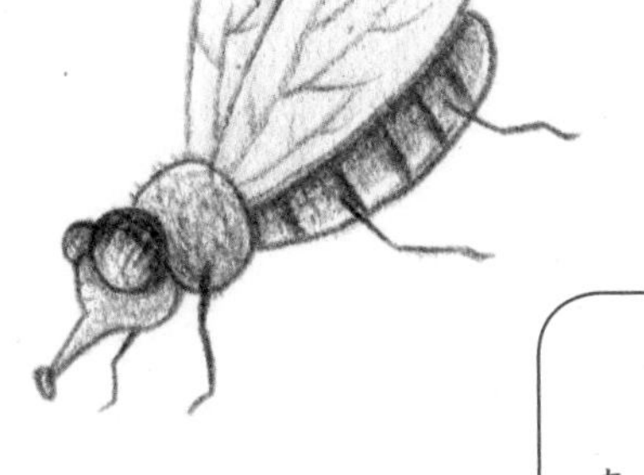

一般情况下苍蝇成虫的寿命为15～20天，雌虫的寿命要长于雄性，可以存活30～60天。随着温度下降，苍蝇的寿命会延长至2到3个月。在低温越冬的情况下，它甚至可以存活半年以上。

蜜蜂蜇人后自己会死吗

很少有人敢招惹蜜蜂，因为大家都知道，如果把蜜蜂“惹火”了，它可是不管死活，一定会狠狠地蜇那人一针的，让他痛得叫苦连天。

蜜蜂不喜欢黑色的东西，以及酒、葱、蒜等的气味，如果我们穿一身黑衣，再带着一身酒气接近蜜蜂，就可以避免被蜂群蜇咬。但是，如果你去扑打蜜蜂，出于生物自卫的本能，它们也会成群结队，一起痛击共同的敌人。

蜜蜂虽然会蜇人，却不会轻易出手，它是非常珍惜那根蜇人的刺的，因为一旦蜇了人之后，它自己也会死去。

原来蜜蜂用来蜇敌人的刺针，长在它的腹部末端。这根针是由一根背刺针和两根腹刺针组成的，针的根部与体内的大、小毒腺和内脏器官连接，而腹刺针的尖端，还有几个小小的倒钩。当蜜蜂把针刺进敌人的皮肤里，再要将刺针拔出时，小倒钩却牢固地勾住了皮肤，刺针及连接的部分内脏，会一起被拖出体外，蜜蜂就会因此而死去。

蜜蜂是怎么找到可以采蜜的花朵的

小蜜蜂，嗡嗡嗡，飞到西又飞到东，它在忙着采蜜喔！不过，它是怎么知道哪朵花有蜜的呢？

蜜蜂采蜜的时候，东找找、西看看，好像漫无目的一样，其实并非如此。蜜蜂的头上有一对触角，触角上生有特别灵敏的嗅觉器官，可以轻易嗅出不同花朵的香味。

这对触角还有另外一个用处，因为每个蜂群，都会有它们自己特有的气味，依照这种差异性，蜜蜂们各自建立起自己的蜂巢，互不侵犯，蜜蜂就是用这对触角来辨别不同蜂群的蜂巢的。

另外，蜜蜂还能从腹端分泌出一种特有的香气，并在采花蜜时，把这种香气散发在花朵上，这样一来，下次它们再来的时候，就可以根据自己分泌的香气，轻轻松松地找到目标了。

蜜蜂还有一对大眼睛，可以分辨不同颜色的花朵。不过，它的视觉能力和我们人类是不一样的，它们虽不能鉴别红色光，却能鉴别我们视觉以外的紫外光。因此，蜜蜂依靠这种能力，也可以找到想要的花蜜。

萤火虫靠什么发光

萤火虫总是生活在阴暗潮湿的腐草丛里，大约在每年的六月间，萤火虫出来交配产卵，在水边的草丛里，产出淡黄色小颗粒的卵。偶尔夜里还可以看到它们在发光，慢慢地，受精卵开始发育变黑。经过一个月左右的时间，就会孵化出黑色的幼虫。

萤火虫的幼虫身体分为很多节，两端尖细，上下扁平，有六只发达的足，其尾部两侧有发光器，这就是为什么我们能在夜晚看到它们发光的原因。

在冬天，萤火虫的幼虫躲到地下，到第二年四月天气变暖以后，它们再钻出来生活。萤火虫会捕食蜗牛，先用大颚注射毒液到蜗牛体内，使蜗牛麻痹，然后从嘴里吐出消化液，将蜗牛肉分解成液体。最后，成群结队的萤火虫一拥而上，把一只蜗牛分食干净。

到了每年的五月，幼虫开始在泥土里挖洞，然后到洞里蜕皮成蛹。萤火虫的蛹和成虫相似，呈淡黄色，有短短的翅袋，在夜里能放出荧光，大约经过半个月后，蛹即变为成虫。

在青草里爬行的大多是雌萤火虫，它的荧光比雄萤火虫还要亮，而雄萤火虫偏爱在夜空中飞行，让人们目睹它的光彩。

蚕宝宝吃桑叶为什么会吐丝

我们常说“牛吃的是草，挤出来的是奶”，很多动物都吃绿色植物，但是分泌出的乳汁却是白色的，蚕宝宝也一样，虽然吃绿色叶子，但吐出的丝，却是白色的。

蚕所吃的桑叶，是它用来做成丝的原料，平均 1000 只蚕，从出生到吐丝，需要吃掉 20 千克的桑叶。但是，它们吐出的丝，却只有 0.5 千克左右。

蚕丝不仅只是一根丝，在显微镜下观察，它是由两根纤维并排组成的，而每条纤维的中心是“丝素”，在丝素周围则包裹着一层“丝胶”。这两种物质的成分都是蛋白质，所以当你将蚕丝用火一烧，就会发出类似氨气燃烧的臭味。

桑叶中的成分，大部分是水，其余是蛋白质、糖类、脂肪、矿物质、纤维素等。蚕吃进桑叶后，肚子里的消化液和各种酵素，会开始分解桑叶，大多数成分被吸收，加工成各种氨基酸，最后转化为丝素和丝胶，至于水和纤维素，则变成蚕粪排出体外。

蝴蝶的漂亮翅膀是怎么来的

蝴蝶在花丛中飞来飞去，好像天上的精灵一样翩翩起舞，非常讨人喜欢。传说中，最美好的爱情总是与蝴蝶相伴相生，就连梁山伯和祝英台逝去之后，也化身蝴蝶，双宿双飞。

我们知道，蝴蝶是由蛹破茧之后化成的。那么，为什么蛹那么丑，而蝴蝶却有一双那么漂亮的翅膀呢？

原来，在蝴蝶的翅上，覆盖着一层粉状的鳞片，无论是鲜艳的色彩，还是斑斓的花纹，都是由这些鳞片形成的。所以，

当人们好奇地捉到一只蝴蝶，却又不小心碰掉它的鳞片时，就会只剩下一个透明的翅膜，从此之后，这只蝴蝶就失去了所有的光彩。

另外，蝴蝶鳞片表面含有特殊的色素颗粒，称为化学色。这种颜色虽然鲜丽，却会因还原或氧化等化学作用，慢慢褪色甚至消失。不过，蝴蝶翅膀上还有一种物理色，这种颜色由于物体表面的特殊构造而产生光线反射、曲折或干涉等物理作用，同样也能产生醒目的颜色。

蝴蝶的鳞片有各式各样的形状，在一只蝴蝶的翅上，就有好几种不同的鳞片。在鳞片上，又有十多条到几千条横状的脊纹，这些脊纹具有一定的折光能力，脊纹愈多，就愈能闪射出美丽的光。

蝉的幼虫为什么会生活在土壤里

夏日的午后，蝉总是站在树上“知了知了”地叫个不停。蝉是昆虫界的“大嗓门”，叫声清脆响亮，而且非常持久，几乎不会觉得劳累。但是，虽然蝉生活在树上，甚至连卵也产在树上，但蝉的幼虫却生活在土壤里，这是为什么呢？

夏天的傍晚，在大树附近的地面上，许多蝉的幼虫从土壤里钻出，爬到树上或草地上，静静等待脱皮后，化身为蝉。

蝉大部分时间生活在树上，平时会用针一样的嘴刺到树皮中吸取树汁。等到秋天时，再用它那尖尖的产卵管，插进树中产卵。每一次，它们会在树洞里产四到五粒卵。就这样，树很容易受到伤害，甚至死亡。

蝉刚产下的卵，在当年并不孵化，直到第二年夏天，才孵出幼虫。幼虫钻出枝条，掉到地上，找到松松的土壤就钻进去，开始它漫长的地下生活，通常都要两三年，甚至需要五六年时间，才能完全发育。

蝉的幼虫期很长，所以选择生活在土壤中有利于它们存活。一方面，幼虫生活在土壤可以躲避敌害；另一方面，土壤里水分充足，天暖时，幼虫还可以到浅土区活动，吸取树根里的树汁。

蝉又叫知了，是一种较大的吸食植物汁液的昆虫，身体的长度一般在四五厘米左右。根据形状的不同和颜色的差异，又分为很多不同的种类，如中国就有一百二十种。

蝉的鸣叫声是从腹部发出的，而且只有雄蝉才可以发出声音。另外，在蝉的两只复眼中间还隐藏着三个不太敏感的小眼点（单眼），一对翅上还分布着起支撑作用的细管，这些都被人们看作是古老昆虫的特征。

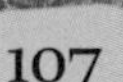

蜻蜓点水是什么意思

不知道大家有没有注意过，蜻蜓常在水面飞来飞去，还时不时地触碰一下水面，似乎很好玩的样子，由此还产生了“蜻蜓点水”这一俗语。那么，蜻蜓点水的目的究竟是什么呢？是喝水还是洗澡？

其实，这两种猜测都不正确，蜻蜓点水的真正目的是产卵。蜻蜓的幼年期比较长，大约有 1 年 ~ 2 年的时间，在这段时间里，它都生活在水中。蜻蜓幼虫的长相跟我们所见的蜻蜓并不同，虽然也有六只足，但没有翅可以飞。

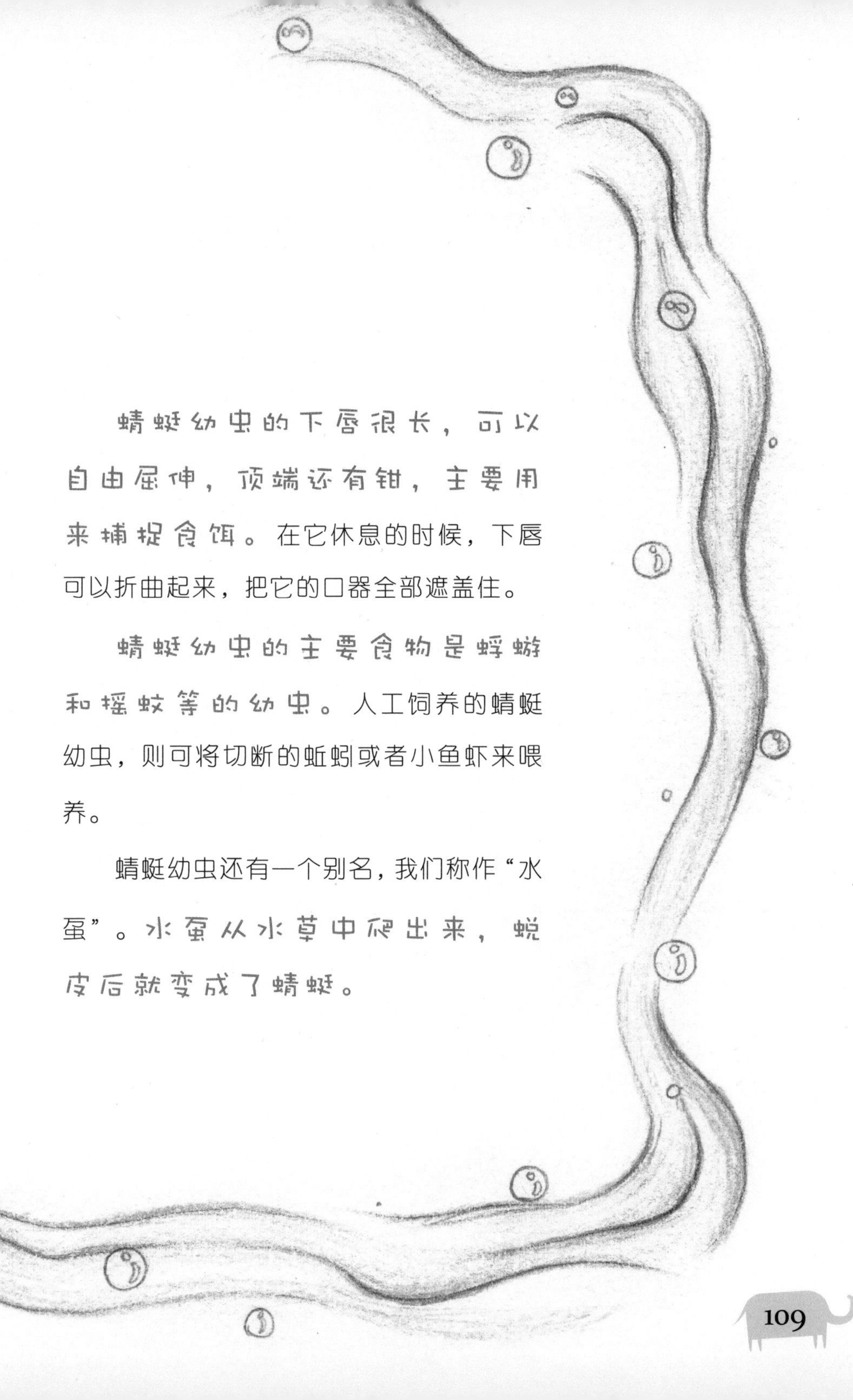

蜻蜓幼虫的下唇很长，可以自由屈伸，顶端还有钳，主要用来捕捉食饵。在它休息的时候，下唇可以折曲起来，把它的口器全部遮盖住。

蜻蜓幼虫的主要食物是蜉蝣和摇蚊等的幼虫。人工饲养的蜻蜓幼虫，则可将切断的蚯蚓或者小鱼虾来喂养。

蜻蜓幼虫还有一个别名，我们称作“水虿”。水虿从水草中爬出来，蜕皮后就变成了蜻蜓。

猫头鹰是如何繁衍后代的

猫头鹰属于夜行动物，白天总是蹲坐在树上，一副老学究的模样，因此常常被人们看做是智慧的象征。

猫头鹰跟大多数候鸟一样，每年都会从北方飞到南方过冬，在第二年的三四月，又会飞回北方进行繁殖。不过，它的繁殖率与一般的鸟类略有不同。

猫头鹰是根据可以捕获到的食物的多少来决定自己的产蛋数量的。也就是说，每到繁殖期，它会提前查看自己究竟可以捕获多少食物，如果可以捕获的食物多，就增加产蛋的数量；如果可以捕获的食物不够多，它就会相应地减少产蛋数量。

猫头鹰专吃各种鼠类，而鼠类经常因为人类和其他动物的捕杀数量以及传染病的流行与否而增减，因此猫头鹰产蛋的数量，也会随着鼠类数量的增减而变化。每当猫头鹰飞回北方过冬之时，先会查看当地食物是否丰富。如果食物丰富，猫头鹰最多可产下十多个蛋；如果猫头鹰一再迁徙仍找不到丰富的食物源，就只会产 2 个 ~ 3 个蛋，甚至不产蛋，直到冬天来临再飞回南方去。

多数鸟类会等产完蛋后再孵蛋，可是猫头鹰却是边下蛋边孵蛋。在繁殖期内的猫头鹰捕鼠量非常惊人，常会在窝边备足食物，即使在它吃饱后，仍然会不断地追捕野鼠。通常在一个夏天，一窝猫头鹰就可以消灭 1000 多只老鼠。

电鳗的电流从哪儿来

如果有人告诉你鱼会放电，你会不会相信呢？说不定你会大吃一惊，鱼怎么可能会放电呢？

事实的确如此，有的鱼真的能放电，甚至被称作“有生命的发电机”，尤其是在热带海洋里，竟然有一百多种鱼能够放电，而且它们放出的电流还不小呢。

我们常用的家用电器的电压是220伏特，电鳐的电压是70伏特、电鲶100伏特，而电鳗居然可以释放出将近300伏特的电压，难怪被它电到的小动物，最后都难逃一死了。

在动物的体内，充满着各种物质，这些物质里面包含着无机盐。无机盐是由带正电的阳离子和带负电的阴离子组合成的。

阳离子很“好动”，常飞快地穿越障碍物移到另一边，阴离子则喜欢安安稳稳地待在原地，所以阴阳离子常被阻隔在细胞膜的两边。无数的阳离子带着许多正电荷，而无数的阴离子则带着许多负电荷，如果将它们连上导线，马上就会有电流通过，产生电压。这便是鱼会放电的秘密。

其实不仅这些鱼类会放电，人和其他动物，甚至植物也会产生电流，只是都比较微弱罢了。

吃了河豚真的会中毒吗

河豚的肉质鲜美，是非常好吃的食物，但是也有人说，河豚有毒，而且毒性很强。众说纷纭之下，实际情况究竟如何呢？

其实，河豚并不是身体的每个部分都有毒，它的毒素多在它的生殖腺，像精囊、卵巢和卵里面，以及肝、肠等内脏里。这种毒素能耐高温、耐酸，却容易被碱破坏。

根据河豚种类及其部位的差别，其毒性强度也会有差别。另外，毒性强度还会受到季节变化的影响，比如从冬季到春季，河豚的卵巢正在充分发育，所以这个时候毒性最强，人误食了这些毒素后，会出

现神经麻痹、恶心、呕吐、发冷的症状，最后因心脏衰竭而死。

已经死亡的河豚如果放置的时间过长，身体里的毒素会渗透到其他部位，不易清洗，所以**死掉的河豚毒性更大**。河豚虽有毒，但活河豚剥了皮，去除内脏血液，经过仔细清洗，再放入清水浸泡，毒素是能够清除干净的。人吃了清除毒素的河豚之后也就不会中毒了。

在国外，一些专门料理河豚的餐厅，厨师都要经过严格考试，考取河豚料理执照后才能成为河豚料理师呢！

海参是怎么自我保护的

在海底的岩石缝隙中，生活着一种长得像小黄瓜样的动物，长条形的身体上布满肉刺，如果有机会和妈妈到菜市场，你也很容易见到它，它的名字叫“海参”。

海参依靠管足和肌肉伸缩在海底行走，就像陆地上行走的蜗牛一样，其行走速度非常缓慢。我们不禁好奇，海底有那么多鱼类“杀手”，它们生性凶猛，身手敏捷，因此这些看起来“手无缚鸡之力”的海参如果遭遇这些“杀手”，岂不是很危险吗？

不要担心，海参自有一套办法，它会不慌不忙地把自己又黏又长的肠子，从肛门一股脑儿地喷出来，趁着敌人眼花缭乱之时赶紧逃跑。

原来海参还有这种本领呢，但是它把自己的肠子都喷出来了，还能生存下去吗？事实上，把肠子抛掉的海参，大概再过五十天，就能长出新的肠子来了。是不是很神奇呢？

海参体内有一种结缔组织，是由无数形态、结构相同的细胞集合在一起的，执行共同生理机能的细胞群，它们的主要功能是维持海参的生理机能，另一个功能则是修补受伤或坏死的细胞，也就是“再生”的能力。海参的再生能力很强，即便抛掉内脏也不会死亡。

螃蟹为什么吐白沫

大人们都是很有经验的，买螃蟹的时候，他们会专挑蟹壳坚硬、口吐白沫的螃蟹，你知道这是为什么吗？

人们在挑选螃蟹的时候，总是希望挑选那些还活着的，因为用活螃蟹做出的食物味道会更加鲜美。而这些白沫可是跟螃蟹活着与否很有关系。

螃蟹是甲壳类动物，它和鱼一样，生活在水里，也是用鳃来呼吸。但是它的鳃和鱼的鳃又有些不同，鱼的腮长在头部两侧，螃蟹的腮分成了很多像海绵一样松柔的羽状鳃片，长在身体上面的两侧，而表面有坚硬的头胸甲覆盖，可以对鳃片起到一定的保护作用。当螃蟹呼吸时，新鲜的清水从身体后面进入体内，水中的氧气被溶解之后进入鳃的微血

管里，水分及其他物质，经过鳃的过滤之后又从嘴的两边吐出来。

螃蟹虽然生活在水里，但仍要经常上岸来觅食。由于鳃部仍残存着许多水分，可以保证螃蟹在一段时间内保持正常呼吸，所以，螃蟹离开水后并不会立即死亡。但是，如果在陆地上的时间久了，螃蟹鳃里大部分的水分被空气带走，鳃逐渐干燥，它就会感到呼吸困难了。

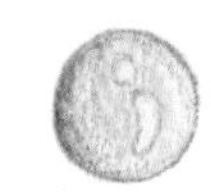

这时候的螃蟹，仍会像在水里呼吸一样，拼命鼓动嘴和鳃，不断吸进空气，再把鳃里少许的水分，连带空气一起吐出，就形成了许多气泡。

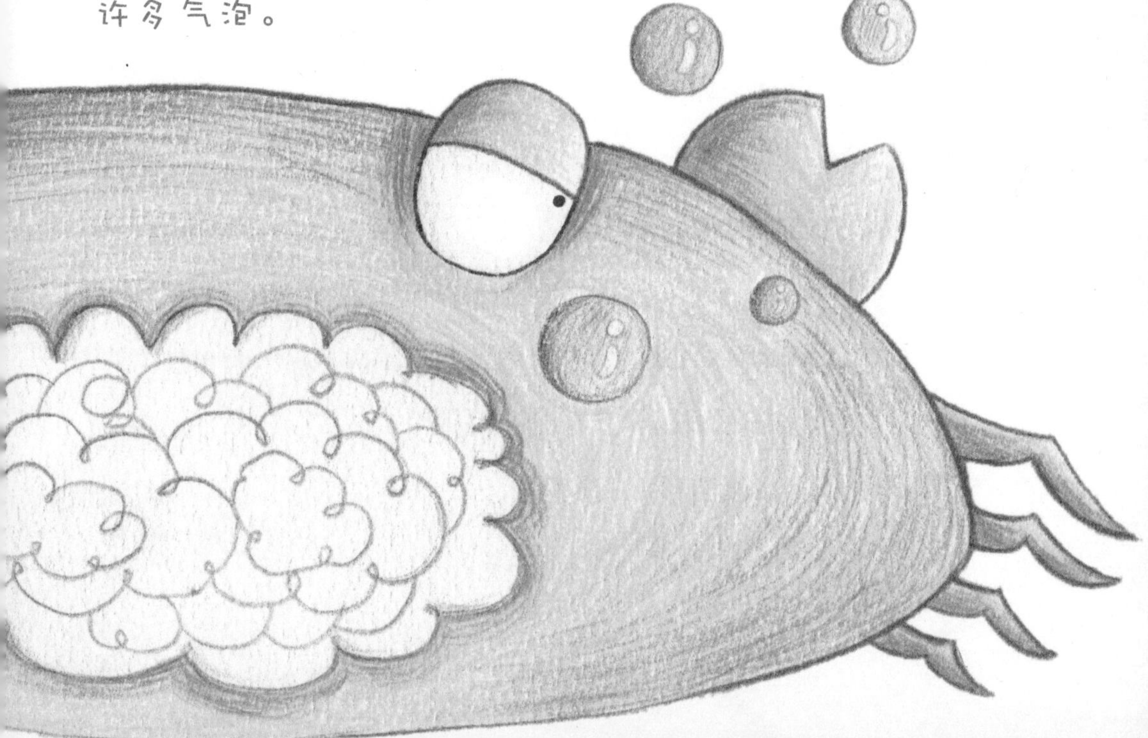

贝壳里为什么会长珍珠

贝壳里的珍珠很漂亮，可是为什么珍珠会长在贝壳里呢？

河蚌、螺蛳之类的动物，身体非常柔软，也没有坚硬的骨骼支撑身体，所以体外大多会形成坚硬的外壳，一方面便于移动，另一方面也能有效地保护自己。

河蚌背部中央两旁的皮肤，有两条纵向的褶皱，最后长成两个大膜瓣盖住身体，称作“外套膜”。在“外套膜”的表面有很

多的腺细胞，腺细胞不断分泌物质，最后就形成了贝壳。如果有机会，你可以仔细观察一下，在贝壳的内面，有像珍珠一样的光彩，这就是珍珠层。珍珠层可以生成珍珠质，而珍珠质就是珍珠的主要成分。

有的时候，河蚌会张开自己的硬壳，偶尔有河蚌的卵、水中的沙粒或者寄生虫等，不小心来到“外套膜”与硬壳之间，外套膜受到这些异物的刺激，便会分泌出珍珠质，把侵入物层层包住。但是每次所包裹的珍珠质层都非常薄，甚至几千层珍珠质叠加包裹之后才能形成一粒珍珠，这段时间大约需要 3 年 ~ 6 年。

因为珍珠非常受欢迎，所以有些人便根据珍珠形成的原理，人工在贝壳里放进异物，刺激贝壳制造出珍珠，所以我们才能看到那么多的珍珠首饰。

乌贼什么时候会喷墨

你肯定在动画片里看到过乌贼，它总是晃晃悠悠，看起来漫不经心的样子，但是，如果有谁惹到了它，它就会毫不客气地朝他喷墨汁。

乌贼也被称为“墨鱼”，肉可以食用，内脏可以制成油品。它的肚子里有专门储存和生产墨汁的墨囊，既可以作为药材使用，也可以将墨囊里的墨汁加工之后用在工业生产中，曾经有人用乌贼的墨汁来染衣服、漆黑板，甚至拿来当墨汁来写字。

但是，对于乌贼而言，墨汁只是用来保护自己的一种武

器。平时，乌贼喜欢在海面游动，如果突然有什么凶猛的敌人来袭时，它会马上从墨囊里喷出一股墨汁。在很短的时间内，周围的海水就被墨汁全部染黑了，敌人什么都看不清楚，等到反应过来时，乌贼早已逃之夭夭了。

但是，乌贼把墨汁喷出来后，再把“墨囊”填满就需要相当长的时间，所以除非万不得已，乌贼一般是不会轻易放出墨汁的。

乌贼喜欢在远洋遨游，到了春末之时，它们才群集到近海产卵。它们会把卵产在木片或海藻上，像一串串葡萄似的挂在上面，非常好玩。

鲸如何制造“小喷泉”

现在常常有人为了赏鲸而专门乘船出海，去欣赏鲸摆尾的英姿，还有鲸的“喷水”表演。

大家一定都很好奇，鲸为什么会喷水？这是因为鲸虽然生活在水中，却仍要用肺进行呼吸。鲸的肺很大，肺容量也相当可观，可以储存很多空气，也足以支持鲸长时间潜泳。

虽然如此，鲸潜水的时间还是不能太长，通常情况下，大概每隔十几分钟就要浮出水面换换气。鲸会先把肺中大量的空气排出，由于压力很大，所以鲸在排出空气时会发出很大

的声音，并且挟带大量水汽喷射到空中，壮观的喷水画面就出现了。当然，如果仅靠这些，还不足以形成“喷水”的奇观。和其他哺乳动物不同，鲸的鼻孔不仅没有鼻壳，鼻孔的开口也在头顶和两眼之间，如此靠上的鼻孔，几乎朝天而生，水柱从中喷射而出，自然非常好看了。

另外，在寒冷的海洋里，外面的空气比鲸体内的空气冷，因此鲸肺中排出的湿润空气便凝成水滴；或者在深海中，鲸肺中排出的空气受到强烈压缩，压缩后的蒸汽强力地喷出，都能够造成喷水奇观。

鱼感冒后会怎样

很多人抱怨观赏鱼难养，昨天还活得好好的，今天就萎靡不振了。其实，并不是鱼难养，而是我们不了解它们的习性，就好像大多数人不知道鱼也会感冒一样。

当人们给鱼换水的时候，如果控制不好水温，便很容易让鱼感冒，严重的还可能导致鱼的死亡。当鱼患了感冒后，皮肤的光泽会变暗，精神不振，不吃东西，也不喜欢游动，就像人类感冒了一样难受。

原来，鱼的体温是随着水温的变化而变化的，通常情况下，鱼的体温和水的温度相差只有1℃左右。但是，如果水温迅速升高或者降低，就会刺激到鱼皮肤的神经末梢，而且对它内部器官的活动也有着很大的影响。当鱼的体温与水温相差12℃以上时，便会迅速死亡。

但是，也并非保持稳定的水温，鱼就一定健康，太高或太低的水温，都会给鱼的身体带来较大的损害。如果鱼长期生活在比较低的水温中，它的鳃瓣末端会出现肿胀的情况，就像皮肤生了冻疮一样。

为此，我们在换水的时候，一定要注意测量一下原来鱼缸内的水温，还要随时注意水温的变化，不能让可爱的小鱼感冒了。

海龟真的会流泪吗

海龟被视为保育类动物，它们长期生活在海里，但是也会经常爬上岸，尤其是在每年的六七月份。这个时候，海龟妈妈要生蛋了，它们会趁黑夜爬上沙滩，用后肢挖洞，将六七十个龟卵产在沙洞里，最后再用细沙盖在上面，然后海龟妈妈慢慢爬回大海。

人们发现，海龟妈妈在产卵时，会流下眼泪。但是到目前为止，人们还没有确定原因究竟是什么。有人认为这是因为海龟妈妈产卵的过程太痛苦，也有人认为，海龟妈妈离开海水到陆上，为防止眼睛干燥或沙粒进入，才会流泪。

其实，海龟除了产卵以外，其他时候也会流泪。曾经有位动物学家对海龟做了一个实验，他把相当于海龟体重一半分量的海水，灌到海龟的胃里，海水里的盐分被海龟吸收，但是三四个小时以后，海龟开始流眼泪，而且海龟体内被吸收的 90% 以上的盐分，都随着它的眼泪流出了体外。

海龟的眼窝后面有一种腺体，这种腺体是海龟可以把多余盐分排出体外的重要器官，专家称此为“盐腺”。这也说明了为什么海龟能在海中吞食盐分较多的海洋生物，并且可以饮用海水解渴了。

海豚为什么被称为“游泳健将”

海豚是生活在海洋中的哺乳动物，它们性情温和，似乎可以听懂人的话，看起来很是聪明伶俐，且颇具“人性”。海豚讨人喜爱的模样，以及充满灵气的个性，使其成为受人注目的焦点。海洋公园里的海豚表演总是能吸引小朋友们的目光，甚至连大人们也会流连忘返。

海豚身手矫健，游泳的速度很快，令人叹为观止。我们都知道，在水中快速游泳时，一定会产生很大的阻力，那么，海豚是如何克服这种阻力的呢？

在海豚的皮肤表面，由很薄的角质膜、表皮和真皮三层组成，在真皮上长有无数中空突起的小圆管子，这些管子“插”在黑色的表皮里层。

科学家利用富有弹性的特殊橡胶，模仿海豚的皮肤，并且特地制成无数细小而中空的突起物，在突起之间还有孔道相连，另外还用一种黏液在孔道中流动。科学家将这种光滑又具伸缩性的仿制皮肤覆在船体上，结果发现，在船只不增加任何动力的情况下，这种仿制皮肤将水的阻力减少了一半。

由此可知，皮肤上特殊的结构组织，是让海豚在海洋中减少阻力飞快游泳的重要原因。

剑鱼为什么被称为“活鱼雷”

你知道什么是鱼雷吗？鱼雷是一种水下武器，用于攻击敌方的舰船和潜艇。它能够自己控制方向，一旦触碰到舰船或潜艇，便会马上爆炸。而剑鱼，是鱼类中的“活鱼雷”。

剑鱼，又被称为箭鱼，仅从名字上，我们便能想象出它的样子。而事实上，它之所以被称为剑鱼，正是因为它的上颌延伸突出，像一把宝剑的形状。可是，为什么又有人称它是海洋中的“活鱼雷”呢？它真的跟鱼雷一样，具有强大的威胁力吗？

剑鱼在游泳时，它那像剑一样长长的嘴巴，会把水很快地向两旁分开，而鱼背上三角形的背鳍，则像旗子一样高高地竖立着。

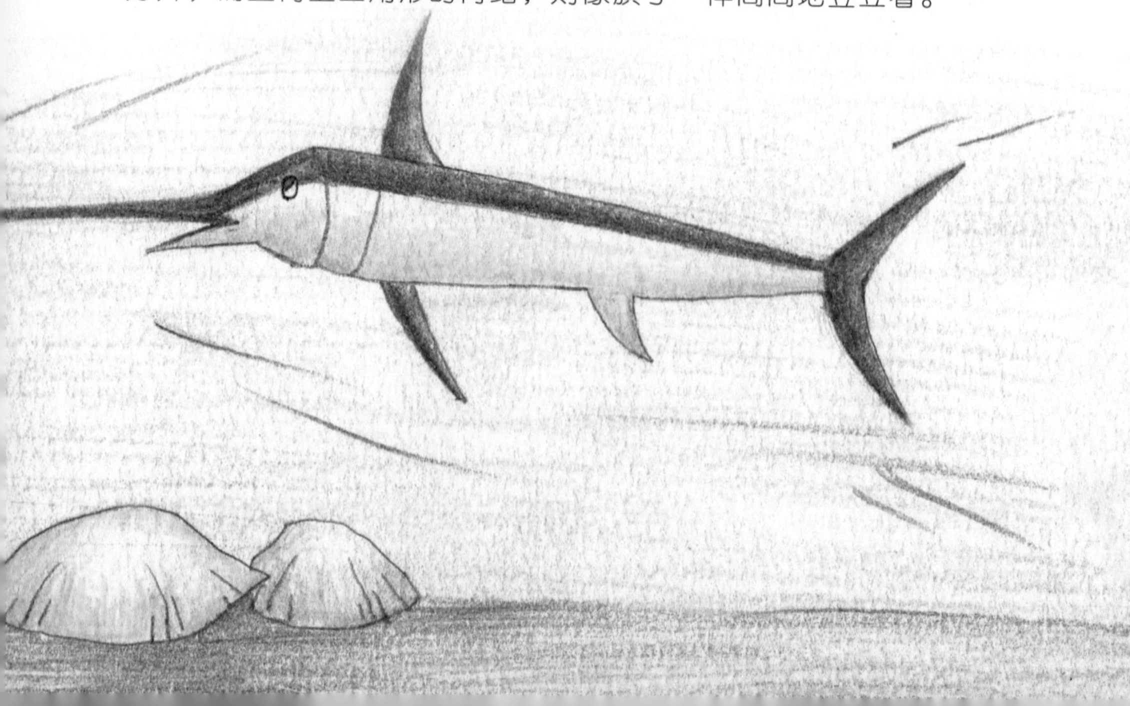

剑鱼游起泳来，就跟射出去的箭一样快，大概100米的距离，它只需要3.3秒就能游完，也就是说，它的游泳时速，将近110千米，这要比普通轮船的速度还快3到4倍。不得不说，箭鱼可以算是鱼类中名副其实的游泳健将了！

剑鱼之所以被称为“活鱼雷”，固然在于它游速飞快，但更令人胆战心惊的是，它常常会扑击船只，这对正在行驶中的船只来说，具有很大的威胁性和破坏性。它就像挟着白色海浪的鱼雷，拼命地向船只冲去，直至它的利剑狠狠地刺透船身。剑鱼具有如此古怪而凶猛的性情，也难怪人们称它是“活鱼雷”了。

变色龙如何变色

变色龙是一种树栖爬行类动物，是自然界中当之无愧的“伪装高手”，它常在不经意间改变身体的颜色，一动不动地将自己融入周围的环境之中。这也许是多数人对变色龙的感观认识，但是人们究竟对这种奇妙的动物有多少了解呢?

其实，变色龙并不是无缘无故地变色的，变色是它逃避天敌侵犯和接近自己猎物的重要手段。变色龙是一种冷血动物，其主要食物是昆虫，多数变色龙会对单一食物产生厌食，有时会拒绝进食直至死亡。

随着背景、温度的变化和心情的不同，变色龙的皮肤颜色也会发生相应的改变。比如雄性变色龙会将暗黑的

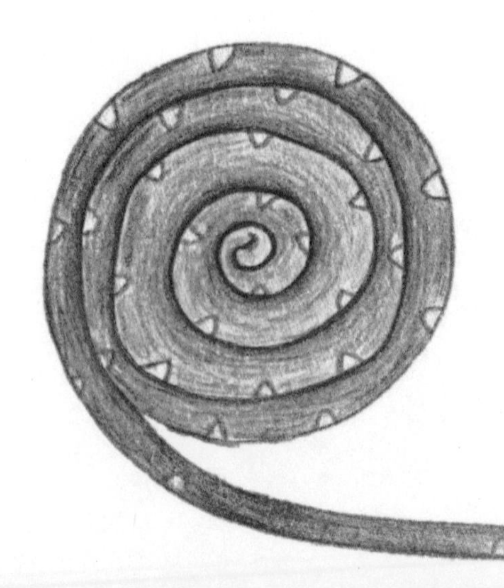

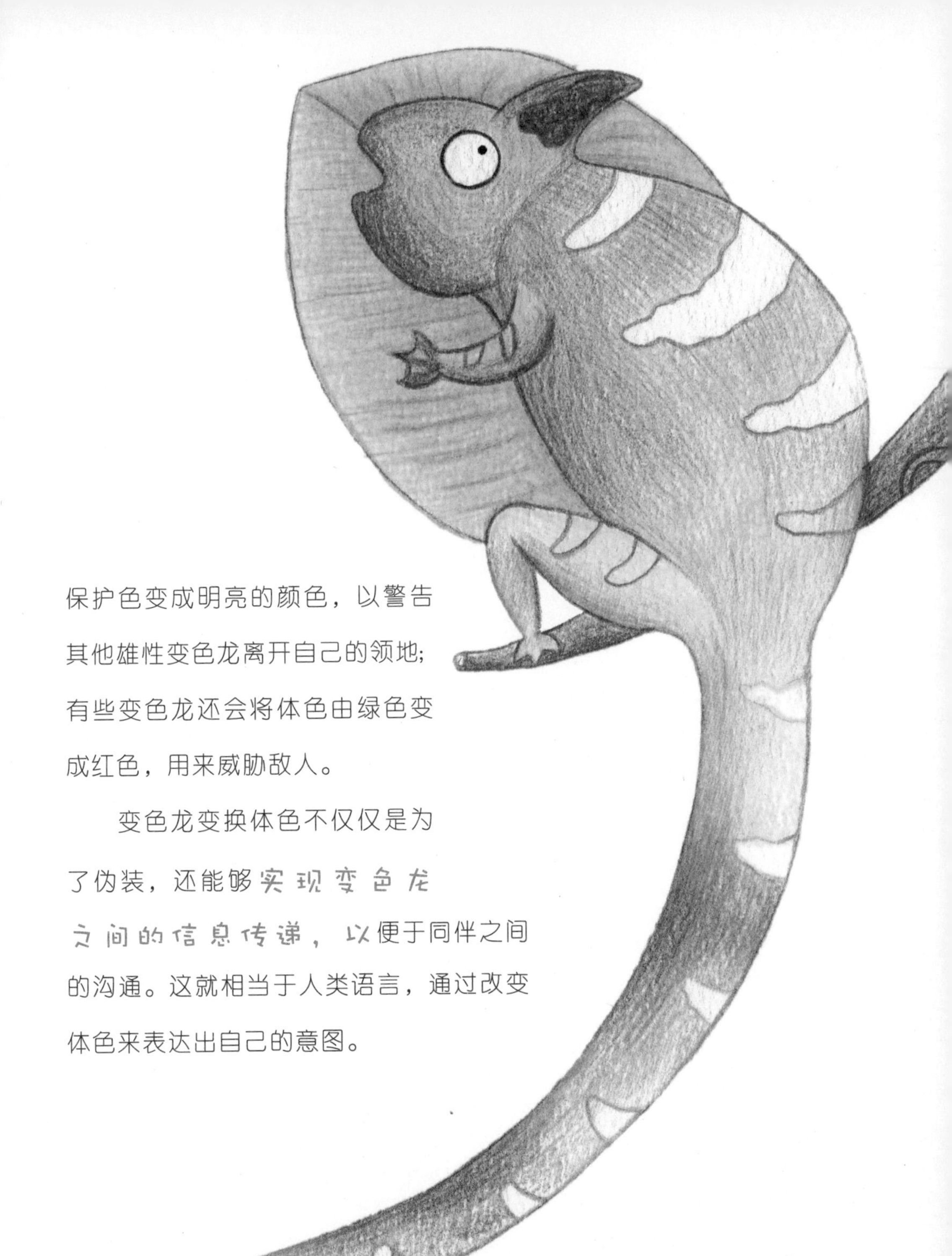

保护色变成明亮的颜色，以警告其他雄性变色龙离开自己的领地；有些变色龙还会将体色由绿色变成红色，用来威胁敌人。

变色龙变换体色不仅仅是为了伪装，还能够实现变色龙之间的信息传递，以便于同伴之间的沟通。这就相当于人类语言，通过改变体色来表达出自己的意图。

袋鼠的“口袋”是做什么用的

大家对于袋鼠一定不会陌生，在电视上或者动物园里都会见到。袋鼠是澳大利亚的标志性动物，不同种类的袋鼠分布在澳大利亚的雨林、沙漠和平原地区。袋鼠只会在前脚和后腿的协调下跳跃，不会行走，它是跳得最高最远的哺乳动物，其最明显的特征，莫过于腹部的一个大大的“口袋”。大家知道袋鼠的“口袋”有什么用途吗？

其实，这个“口袋”叫做“育儿袋”。顾名思义，育儿袋是袋鼠妈妈用来养育袋鼠宝宝的地方，所以并不是所有的袋鼠都会长育儿袋，雄袋鼠是没有的，只有雌袋鼠长有前开的育儿袋，在育儿袋

里有四个乳头。

袋鼠每年生殖1次～2次，小袋鼠通常在受精30天～40天左右出生。刚出生的小袋鼠非常弱小，无视力，少毛，生下后立即被存放在袋鼠妈妈的育儿袋内。小袋鼠就在育儿袋里被抚养长大，直到它们能在外部世界生存为止。小袋鼠出生6个～7个月之后，开始短时间地离开育儿袋生活。一年后小袋鼠才能正式断奶，离开育儿袋，但仍活动在袋鼠妈妈附近，以便于袋鼠妈妈随时帮助和保护它。

值得一提的是，袋鼠妈妈可同时拥有一只在袋外的小袋鼠，一只在袋内的小袋鼠和一只待产的小袋鼠。这是因为母袋鼠长着两个子宫，右边子宫的小袋鼠刚刚出生，左边子宫里又怀了小袋鼠的胚胎。小袋鼠长大，完全离开育儿袋以后，这个胚胎才开始发育。等到40天左右，再用相同的方式降生下来。就这样，袋鼠妈妈的左右子宫轮流怀孕，如果外界条件适宜的话，袋鼠妈妈就得一直忙着带孩子。

白蚁为什么爱吃木头

材质再好的木质建筑，只要经过白蚁的蛀蚀，都会形成无数孔洞，如果不能及时修葺，很难避免腐朽、倒塌的命运；而图书馆中的藏书，也时常被白蚁破坏，变得面目全非。

白蚁怎么会喜欢吃木材和纸张这些乏味的东西呢？原来，木材里面含有纤维素、木质素等有机物，而纤维

素恰好是多糖类的化合物，正是白蚁最喜欢的食物。不过，如果木材没有被分解，即使里面含有很多营养，也不能被吸收。

在白蚁的肠子里，寄生着“白蚁寄生原虫”，这是一种非常微小的低等生物，也叫“超鞭毛虫”。它能够把白蚁蛀蚀的木材纤维，咀嚼得又细又烂，使其更加有利于白蚁的消化吸收，而它自己也能从中取得生存的养分。这种互相依赖生活的习性，就是一种“共生”行为。

正是由于“白蚁寄生原虫”的存在，白蚁才成为蛀蚀木材的专家。一旦白蚁发现良好的蛀蚀对象，可以获取源源不断的粮食，它们就会举家迁移，搬到那里生活。即便是一栋坚固的木房子，有了白蚁家族的进驻，也会慢慢地变成危房。

瓢虫是益虫还是害虫

瓢虫非常喜欢在农田和果园里生活，它们穿着色彩鲜艳、斑斓醒目的瓢型盔甲，时飞时降，看上去可爱极了。

瓢虫的家族很大，其中有害虫，也有益虫。比如十星瓢虫和危害马铃薯、茄子等作物的二十八星瓢虫就是害虫，而且非常常见，而其余的大部分瓢虫都是益虫，它们消灭害虫，是人类的好帮手。

名气最大的瓢虫的翅膀上有七个小黑点，被称为七星瓢虫，其他的瓢虫也大多根据身上的斑点数量被命名。光是七星瓢虫的幼

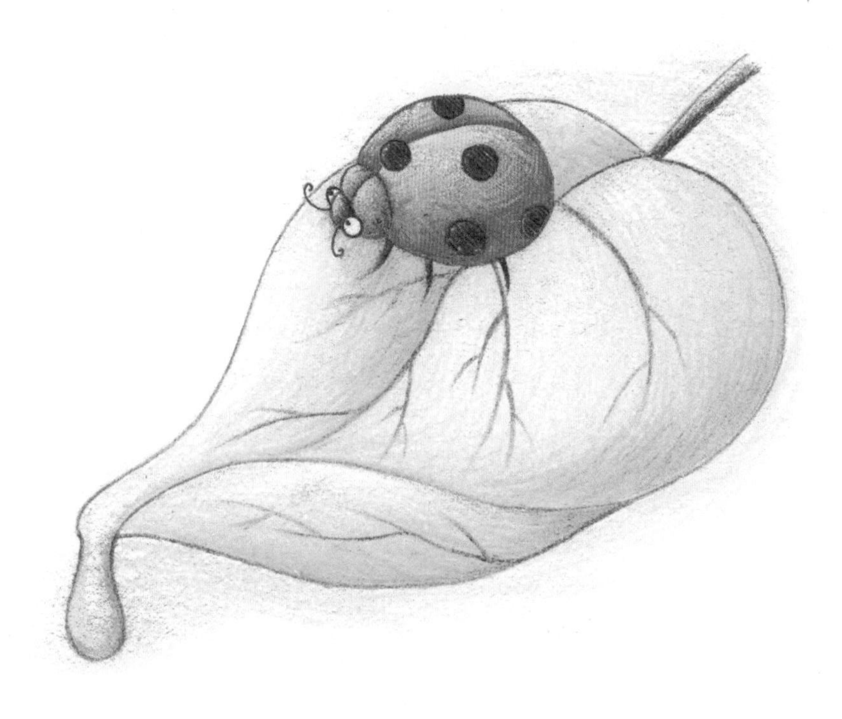

虫，在发育期间就能吃掉600只～800只蚜虫；姬赤星瓢虫喜欢在果园捕食介壳虫，它一生可吃掉900棵树上的害虫；而小麦上的瓢虫，更是麦蚜虫的无敌克星。

在棉花田里，有许多消灭害虫的猛将，它们分别是七星瓢虫、龟纹瓢虫、十三星瓢虫、异色瓢虫、两小星瓢虫等。只要其中一名战将出马，一天之内，数十只到数百只的棉蚜虫，就要与这个世界说“拜拜”了。

瓢虫产卵很多，繁殖也很快，通常一只瓢虫一次可产下700粒～1000粒卵，而且多产在叶子背面，也就是蚜虫聚集的地方。这样，一旦瓢虫孵化出来，立即就可以投入到消灭害虫的战斗中去。

鸟站在树枝上睡觉为何不会摔下来

你观察过小鸟是怎么睡觉的吗？小鸟有个厉害的本事，它能站在电线杆或树枝上睡觉，如果换成是人，恐怕早就摔下来了，但是小鸟却能在睡梦中依旧保持身体的平衡，这是不是觉得很神奇呢？

原来，这些专门生活在树上的鸟类，经过长期的进化，它们的趾已经非常适合握住树枝了。我们仔细观察它们栖息在树枝上的姿态，你可以看到它们停在树上后，便弯曲胫附骨和附跖骨，然后蹲伏在树枝上。这个时候，它们的体重全部集中在附跖骨上，附跖骨的韧带以及趾骨上的弯曲韧带都被拉紧了，趾自然弯曲，紧紧地抓住了树枝。

正因如此，鸟类栖息在树上，即使是睡着了，它的体重也会压在脚趾上，让它紧紧抓住树枝不放，一直等它立起身子，趾的尖端才会

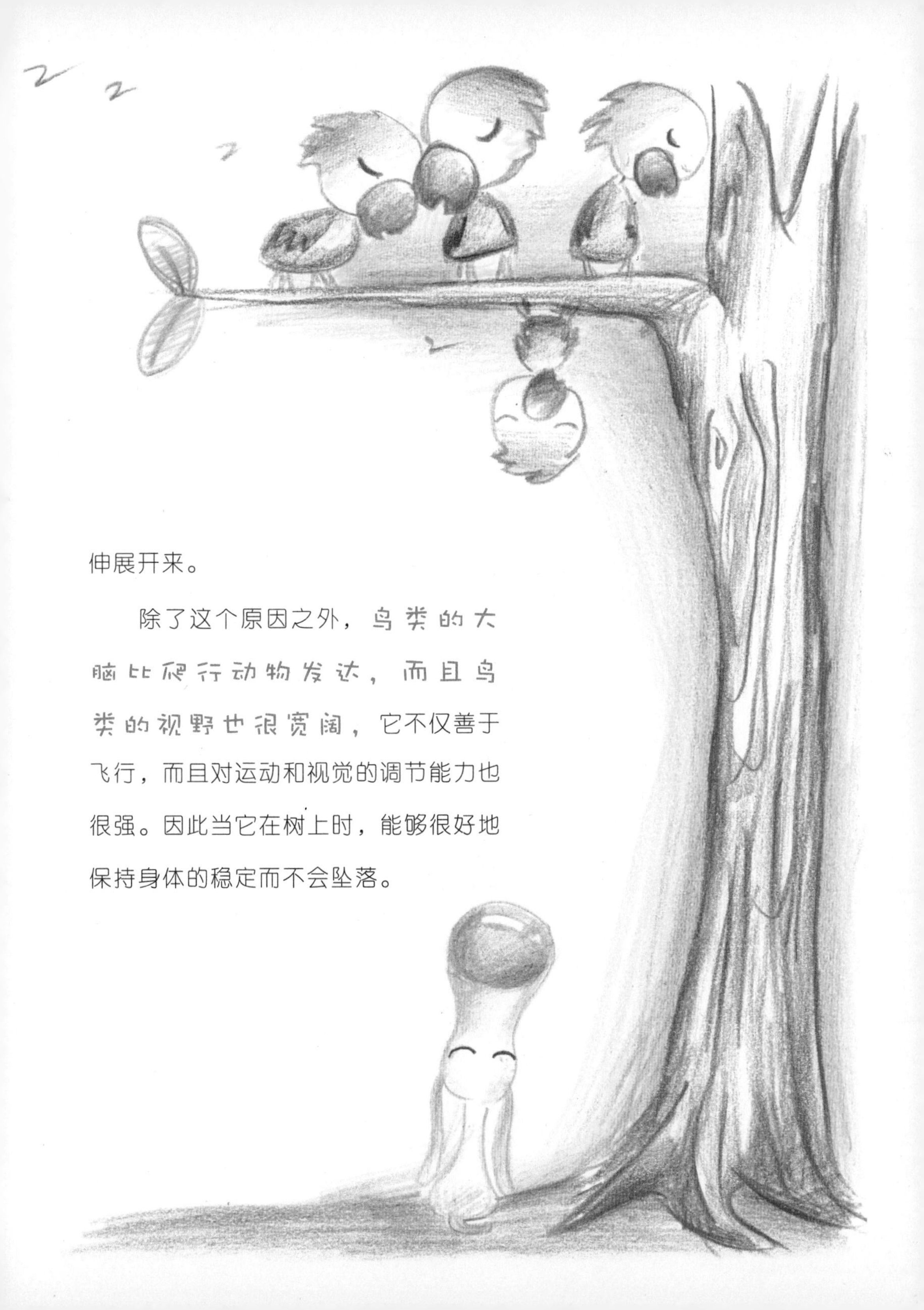

伸展开来。

除了这个原因之外，鸟类的大脑比爬行动物发达，而且鸟类的视野也很宽阔，它不仅善于飞行，而且对运动和视觉的调节能力也很强。因此当它在树上时，能够很好地保持身体的稳定而不会坠落。

鸟儿为什么要迁徙

四季轮回更替，很多鸟类也会随着季节的变化而迁徙，为什么它们每年要不辞辛苦、长途跋涉地转移生活地呢？目前有这么三种说法，都有一定的道理。

第一种说法是，几千万年前，地球处于冰川时期，由于气候寒冷，大部分昆虫和植物都被冻死了。鸟类没有了食物，只好迁向温暖的南方。后来，冰川溶解，北方的冰川退去，鸟类怀念故乡，于是每当春夏季节，就飞回北方繁殖，长久下来便成习性。

第二种说法是，鸟类的生活习性受外界环境变化的影响。冬季，繁殖地区的气温下降，食源减少，鸟类便飞往温暖的南方避冬，但由于那里不适宜筑巢、育雏，所以第二年春天，它们又会飞回原来的地方繁殖。

最后一种说法是，鸟类迁徙是因为受到生理刺激的影响。许多生物学家对比做过各种实验，他们发现在春天时，气候会引起鸟类内分泌腺的活动，分泌出一种“激素”物质，刺激它们的神经系统，使它们产生繁衍后代的需求，于是便迁徙至北方去繁殖了。

鸵鸟为什么不会飞

大家一定都见过鸵鸟，它的外形跟我们一般常见的鸟类实在是有很大的差别。它的体型非常庞大，就连鸵鸟蛋，也比其他鸟类的要大几倍。

鸵鸟的个头这样大，可是胆子小却非常小，一旦受到惊吓，它可是跑得比谁都快呢！不过，既然它有翅膀，为什么不会飞翔呢？

一般善于飞翔的鸟类，它们的羽毛都是坚硬而粗壮的；除了羽毛，它们还有适于飞翔的翅膀和尾巴。愈是会飞的鸟类，翅膀和尾巴就愈是发达。比如老鹰和燕子，它们的翅膀和尾巴都比身体长，展开时的面积也较大。另外，由于飞翔的时候翅膀经常运动，所以它们胸肌也很发达。

反观鸵鸟，这种在非洲可以找到的世界最大的鸟类，全身羽毛都是柔软的，翅膀很小，根本不适于飞行，而胸骨平平的，肌肉也不发达。若从外表看，还以为它有宽大而多羽毛的尾巴，但其实它的尾巴骨很小，也不灵活，同样不能适合飞行。

说到底，还是因为鸵鸟长期生长在沙漠、草原地区，已经适应了这里的生存环境，逐渐演化成如今的模样。

啄木鸟为什么被称为“森林医生”

大家一定都知道，啄木鸟喜欢对树敲敲打打，它可是有名的森林医生，每天都绕着树木打转。当你看到它把一棵大树从头到底全部敲打一遍时，就知道这位大夫又开始坐诊了。

啄木鸟这么爱啄树，原因大家都很清楚，它将树木好好检查一遍，遇到害虫就吃掉，发现已蛀的虫洞，就立刻进行手术，把虫给揪出来。

啄木鸟的钢锥形利嘴又长又尖，能够轻而易举地凿进树木的木质部里，啄木鸟用这种独到的本领，一直在维护

树林里绝大部分树木的健康，真是给人类帮了大忙。

啄木鸟最爱吃的是又肥又大的天牛、蠹虫和金龟子等森林害虫的幼虫，这些害虫对树木的危害极大，总是藏在木材里和树皮下。特别是在冬季和春季，外界能吃到的昆虫并不多，这些潜藏在树木里的幼虫就成了啄木鸟主要的食物来源。

曾经有人在中国最大的黑啄木鸟肚子里，发现了几百个蠹虫的幼虫。根据统计，啄木鸟每年冬天可以清除掉将近 90% 的森林害虫。

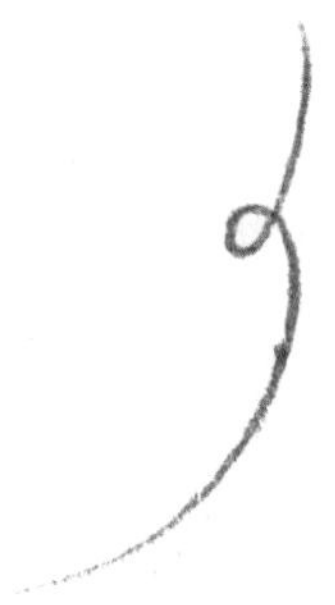

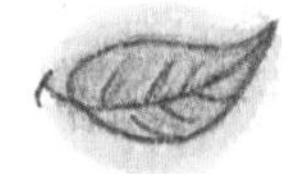

老鹰是怎样飞翔的

中国有句古话叫“鹰隼试翼，志在千里”。每当老鹰展翅遨游天际之时，其从容而神气的英姿，总是让人欣羡不已。而且，老鹰还能用它犀利的眼睛，俯瞰身下的草原大地，

迅速锁定猎取的目标，然后准备好俯袭的姿势，又快、又准、又狠，一举擒获猎物。

老鹰的翅膀很长，伸展开时相当好看，仔细瞧瞧它在天空飞翔的姿态，常可见它只张着翅膀，而不用鼓动，就可以在空中滑翔。

我们知道，空气是上升下降循环流动的，而当空气流动时，就会有风的感觉。老鹰就是利用空气的这种循环运动，成为它自由翱翔的动力。我们发明的滑翔机，就是根据这种原理制成的。

如果我们看见老鹰在天空中盘旋后，再逐渐缓缓地升高，最后轻易地“悬浮”在高空，一定要记得这是它利用上升气流运动的原理。

哈斯特鹰是世界上最大的食肉禽类，它们曾经生活在新西兰的山区里，在茂密的丛林中狩猎。成年的雄性哈斯特鹰体重能达到10公斤，雌性的哈斯特鹰更可达15公斤，翼展最长可达3米。1990年之后，这空中之王因缺少食物逐渐灭绝。

鸟儿为什么可以飞

很多鸟类可以在天空中飞翔，可以在雨中穿梭。它们在空中自由自在，让人类很是羡慕。那么，为什么鸟类可以飞，而我们人类却不可以呢？

鸟类可以飞行的首要条件是它们拥有一双翅膀。但是，在同样拥有翅膀的条件下，有的鸟能飞得很高、很快、很远，而有的鸟却只能作盘旋、滑翔，甚至还有的鸟即使有翅膀也不能飞。由此可见，仅仅是这一双翅膀的学问就不少。

鸟类会飞不仅是因为它有一对翅膀，更重要的是

它拥有许多有利于飞行的特殊生理机制。它们的身体外面是轻而温暖的羽毛，羽毛不仅具有保温作用，还可以使有些鸟类的外形呈流线形，以尽量降低在空气中运动时受到的阻力。飞行时，鸟类的翅膀不断地上下扇动，鼓动气流，这样就可以产生巨大的下压抵抗力，使有些鸟类的身体快速向前飞行。

除此之外，鸟类的骨头几乎都是空心的，又薄又轻；而且，它们没有膀胱，直肠很短，能够随时排泄身体产生的废物；还有，它们的部分生殖器官也退化了。这些生理特征，都让它们的体重减轻了许多。

同时，在鸟类的海绵状肺部周围连着许多的气囊。这些气囊有减轻体重、增加浮力、贮存空气和帮助呼吸的作用。

电线上的鸟儿为什么不会触电

当我们走在马路上，可以看到成群的麻雀或鸽子停落在几万伏特的高压电线上，它们不仅没有触电，而且还一个个悠闲自得的样子。可是，大家也知道，如果有人不小心碰到高压线就会触电身亡，同样都是一根高压线，为什么鸟儿站在上面却不会触电呢？

电线主要是由金属构成的，这是因为金属是电的良导体。一般安装的电线有两根，一根是不与大地相连通的，而另一根是与大地相连接的。当电器同时与这两根线接通时，便构成了回路（回路是指电流从电源流出，经过其他物质再流回电源的过程），电流便会

开始流通，电器也开始工作。

我们的身体也是可以导电的，当人不小心碰触到高压电线的时候，电流就会通过人的身体，由于人站在地上，也就同另一条电线相连，而形成了回路，几万伏特的高压流过人的身体，人自然就会触电身亡了。

但是，鸟儿站在电线上，只和其中的一根线相接触，不能构成回路，也就没有电流通过，当然不会触电了。

同样的道理，电工在高压线上的带电作业，就如同鸟儿站在一根电线上是一样的，能够安全操作，也不会触电。喜鹊和乌鸦等鸟类喜欢在电线杆上垒窝，这是十分危险的，很容易在两根电线间形成短路（即电流从电源流出，没有经过其他物质，电流非常大，容易造成火灾），造成电网事故。

蜂鸟有什么绝技

蜂鸟虽然是世界上最小的鸟儿，可是却拥有别的鸟儿不会的绝技。它可以像直升机般垂直上升和下降，可以向左飞、向右飞和倒着向后飞，还能借由翅膀的拍动，让身体在半空中定点停留。而且，蜂鸟是唯一可以向后飞行的鸟。

蜂鸟身小体轻，翅膀的挥动却有力而快速，每秒钟可达50次～70次，因此飞行时产生的浮力和身

体重力刚好一样，使它能自由地在空中悬停，摆出各种各样的飞行姿态。

在鸟类中，蜂鸟的体态优美，色彩艳丽。小蜂鸟是大自然的杰作，体态轻盈、行动敏捷，拥有优雅、华丽的羽毛，身上闪烁着绿宝石、红宝石、黄宝石般的光芒，从来不让地上的尘土玷污它的衣裳，而且它终日在空中飞翔，只不过偶尔擦过草地，在花朵之间穿梭，以花蜜为食。

说到这里，你或许会问：蜂鸟为什么会有这么一个奇怪的名字呢？

答案很简单，因为它在飞行的时候会发出“嗡嗡”的声音，很像在花朵中采蜜的蜜蜂。

白鹤为什么喜欢单腿站立

在我们的印象中，鹤是一种极尽优雅的动物，每次出现，总会单腿站立，久久不动，永远一副从容不迫的样子。但是，我们有没有想过，

鹤是怎么养成单独站立的习性的呢？更令人称奇的是，它们是怎么平衡身体的呢？事实上，我们只需要多加观察，就能立刻明白是怎么回事了。

当鹤处在沼泽、泥泞或浅水地方时，也就是在它们需要休息的时候，这些会单脚站立的鸟类，才会用一只脚站立，而它们的另一只脚并不是闲着不用的。在单脚独立的时候，它们会利用另一只脚来保持身体的平衡。

在鸟类当中，除了鹤之外，一般的游禽、涉禽或鸥类等，都有这种习性。只要它们在休息时，就会单脚站立，而且左右脚会交替使用，避免疲劳。这种方式有个好处，可以让它们看得更远，防止敌人的突然侵袭。

孔雀开屏是怎么回事

孔雀爱美，似乎说的就是孔雀开屏这回事儿。但是，事实上，只有雄孔雀才可以开屏，雌孔雀是不会开屏的。

当雄孔雀展开它美丽的尾羽时，五彩缤纷、绚丽耀人，一定会吸引不少人围观，也会让许多人赞叹不已。那么，为什么雌孔雀不会开屏呢？英国生物学家达尔文把这种雌雄间“服装的奇异”，叫做“雌雄淘汰色”。

孔雀的这种“雌雄淘汰色”，算是本能高度发展的一种表现，在鸟类里非常突出。在孔雀家族里，一只雄孔雀会与多只雌孔雀交配。我们也许可以联想一下，它们的这种交配方式与只有雄孔雀可以开屏之间是不是有什么关系呢？

的确如此，孔雀在交配期间，雄孔雀之间会争夺和雌孔雀交配的权力。但是它们争夺的方式并不是像鸡一样，互相展开激烈的决斗，而是采取开屏的方式，展开自己漂亮的尾羽，跳起求偶舞，来赢得雌孔雀的“芳心”。开屏之后非常漂亮的并且得到雌孔雀的青睐的雄孔雀，才能获得繁衍后代的机会。

如此优胜劣汰，自然演化下去，雄孔雀特殊而美艳的外形，就被留传下来了。

鹦鹉为什么会说话

常常有人训练鹦鹉和八哥，教它们学说一些简短的话语，来博取人们的欢心。而这类聪明的鸟儿，也非常争气，有模有样地说着人话，给大家带来很多欢笑和惊喜。

偶尔会听到鹦鹉或八哥会说“您好”、“欢迎光临”、“再见”等简短的句子，难道它们真的像人一样，能够有意识地说出有意义的话语吗？

事实上，尽管经过了长时间的模仿练习，它们仍然不懂得这些话语的真正含义。

有些鸟类能说出简单的话语，主要是依靠它们的尖细的嗓音、柔软多肉的舌头，以及不间断的重复一些不太复杂的音节，但是无论怎样，都很难说出较长或较复杂的句子来。

最开始，人们经常接近并有意识地训练它们，在给他们食物的时候，会教给它们一些简单的句子。多次训练之后，它们就会讲一些简单的话语。再继续训练，就会形成条件反射行为，也就是每当看到人，就会重复已学的简单音节。这就是鹦鹉和八哥在见到人的时候会说话的原因了。

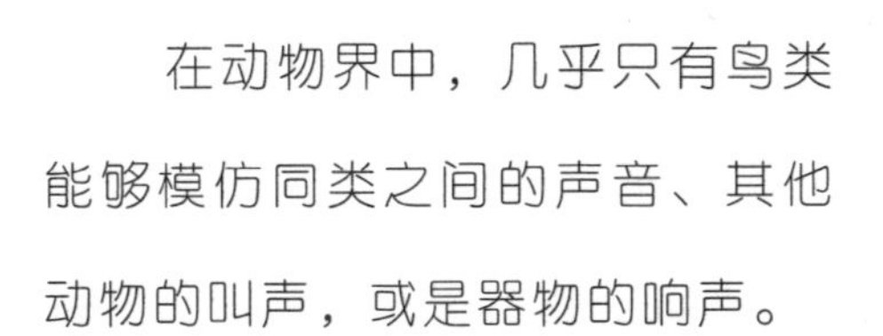

在动物界中，几乎只有鸟类能够模仿同类之间的声音、其他动物的叫声，或是器物的响声。

金刚鹦鹉是世界上体形最大的鹦鹉之一，原产于美洲热带地区。同时，它也是世界上色彩最艳丽的大型鹦鹉。金刚鹦鹉的寿命极长，能活到70～80岁。

“燕窝”是燕子的窝吗

“燕窝”是人们美味珍馐、上等食材。可是，你知道它是什么东西做成的吗？也许你已经知道了，它主要的成分是燕子的唾液。

燕子的身材玲珑，善于飞翔，夏天会盘旋在空中嬉戏，或是捕捉飞虫当食物。等到冬天来临，燕子会飞到气候比较温暖的南方过冬。

燕子常在房梁上或屋檐下筑巢，它的巢是由泥土混杂着草屑等构成的，形状看起来像个碗。这样的燕窝怎么能吃呢？

其实，我们所说的能吃的“燕窝”是指一种名叫“金丝燕”所建造的巢。金丝燕的巢通常建造在海边悬崖峭壁的岩石上，形状像一个“元宝”，其构成的材料主要是金丝燕的唾液、小鱼和低等水生植物，最后凝成的胶状物，便是我们所吃的燕窝了。

燕窝呈白色半透明状，浸在水中会膨胀且变得柔韧。经过化学分析后发现，“燕窝”中含有水溶性蛋白质、糖类、氨基酸以及多种微量元素，这些物质对人类的身体健康都很有益处，因此“燕窝”也就成了一种珍贵的天然滋补品。

信鸽为什么会送信

鸽子的方向感很强，而且能耐得住长途飞行，所以，在很久以前，就有人将它训练成传递信息的信鸽。

为什么鸽子具有这么强的方向感呢？

在鸽子的两眼之间，长着一个奇特的突起物，能让它们在长途飞行中，测知地球磁场的变化。曾经有科学家做过这样一个实验：他们用有明显特点的鸽棚，在甲地训练鸽子，然后再把鸽子和此特殊的鸽棚带到乙地。甲、乙两地是在同一等磁强度线和同一纬度。当他们把鸽子从乙地放飞后，照理说因为乙地地形、环境，跟原本训练鸽子的甲地不同，鸽子凭借训练时的记忆，应该飞回甲地才对。结果，

大多数的鸽子全都飞回乙地，而不是甲地。

这个实验证实了鸽子不仅能感受磁力，还能够感觉出纬度，它们就是靠这些感受来辨识方向的。

人们还发现，鸽子是非常机智和勇敢的，它们是性情坚毅的鸟类，不管是在飞行时遇到敌害，还是穿越大海、遭遇暴风雨等恶劣环境，它们都能沉着勇敢地应对。

飞蛾为何要扑火

“飞蛾扑火，自取灭亡。”这句话的意思是自寻死路。不过，有些人却很喜欢飞蛾扑火的这种精神，因为他们认为飞蛾扑火是一种向往光明，无所畏惧的精神。难道飞蛾和我们人类一样特别向往光明吗？究竟是什么原因让飞蛾扑向火光的呢？

有人说是因为飞蛾特别喜欢阳光，所以把火光当成了太阳光。显然这种说法是错误的，因为飞蛾的眼睛是不能受到光的刺激的。在光

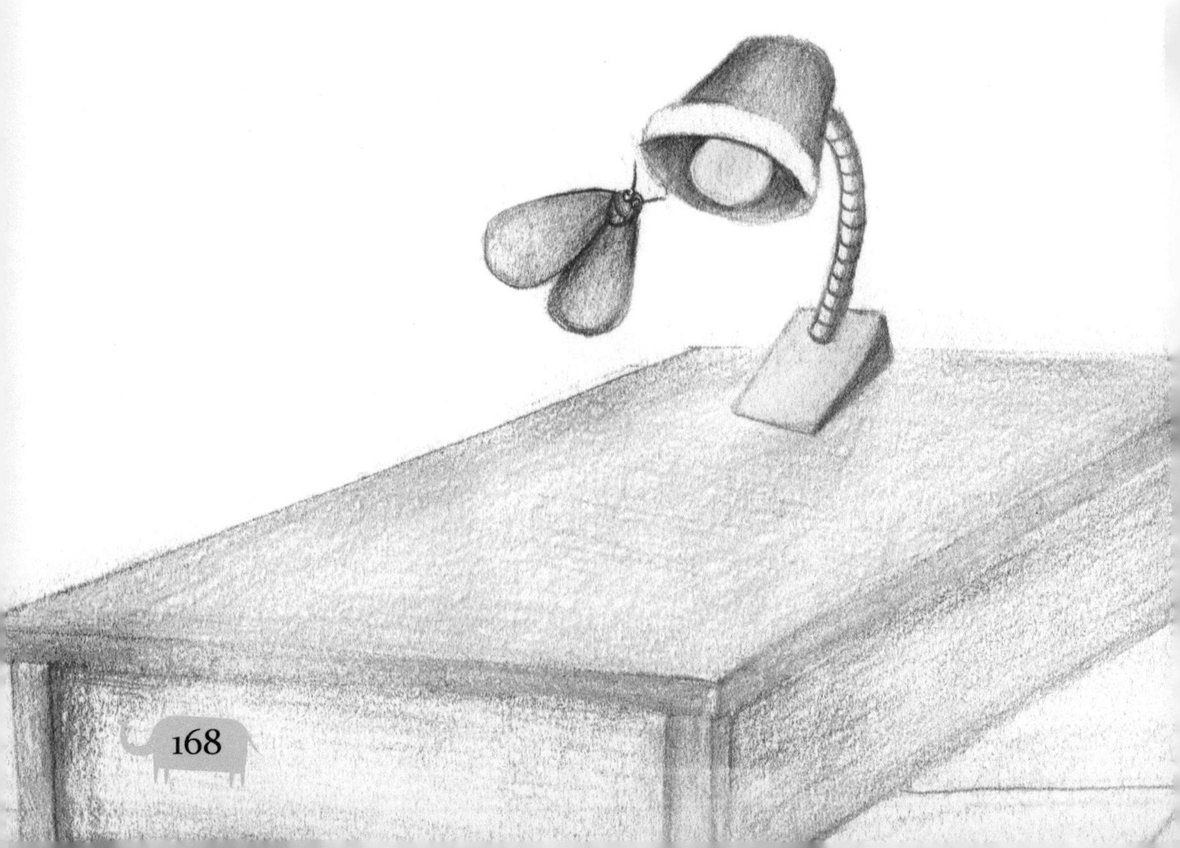

线的刺激下，飞蛾身体的神经系统会发生错乱，靠近灯光的翅的肌肉也会受到很大的影响，从而导致飞蛾的左右两翅很难保持身体的平衡。靠近灯光的翅的力量变小，而另一边翅的力量就会大于靠近灯光的翅的力量，使飞蛾不能向前飞，只能围绕火光转圈。当它飞绕的圈子越来越小时，最后就会扑向火光，被活活烧死。可怜的飞蛾就这样走向了死亡。

原来飞蛾扑火既不是向往光明，也不是喜欢太阳，而是由于自己身体的缺陷所造成。如果不是飞蛾眼睛的特殊构造，它才不会那么傻，无缘无故地向火光扑去呢。

为什么衣鱼爱吃书

首先，我们要解释一下什么是衣鱼。衣鱼不是鱼，而是一种虫，一种爱吃书的虫，因此也被称为“书虫”。而我们平常说的“书虫”多指一些爱好读书的人。

衣鱼是最原始的小昆虫，它的身体只有10毫米长，却分成了14节。它的外形是扁平的，也没有会飞的翅膀。更特别的是，动物经过从古至今的进化，身体都会多多少少发生一些改变，可是衣鱼的身体从远古到如今，却一直没有变化。

我们知道衣鱼被称为“书虫”是因为它爱吃书，可是你知道“书虫”为什么喜欢吃书吗?

原来衣鱼不仅喜欢吃书，它还喜欢吃衣服，因为它真正想吃的是有淀粉和胶质的东西。恰好书籍在装订的过程中，会涂抹上胶水或者浆糊等符合衣鱼“口味”的食物，于是，书籍便自然而然地成了它的“美餐”。

到了夜晚，衣鱼就会活动起来，开始吃书、吃纸张和吃衣服。衣鱼还可以长时间待在书里，不用出来“喝水”。当衣鱼吃下食物后，会在体内与氢元素发生反应，从而产生水。所以，衣鱼即使长期不饮用水也是可以存活下来。

衣鱼不仅爱吃书，也吃昆虫的尸体，饥饿时连自己脱下的皮也照吃不误。衣鱼的寿命一般在 2 年 ~ 8 年之间，一生要经历大约 8 次脱皮，不过也有少数的衣鱼只经历 4 次脱皮。

衣鱼的生活并不是很惬意，它也要时刻防备着自己的天敌，如为了躲避蜈蚣、蜘蛛、蝇虎等的捕食，它们会分解自己的尾毛并断掉，以便于逃跑。

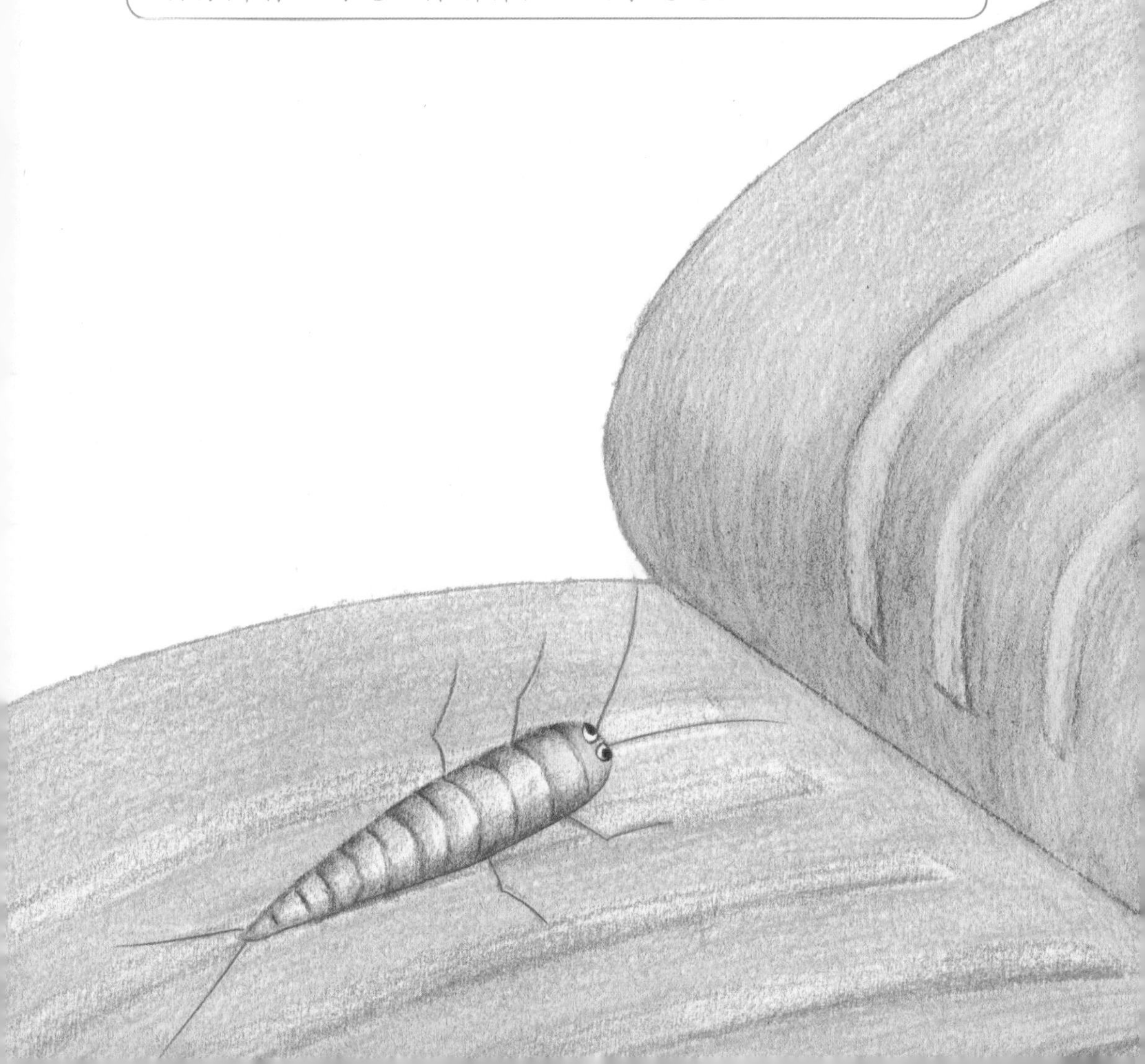